移动机器人视觉 SLAM 与智能分析技术

崔智高　李庆辉　鲍振强　袁　梦　著

国防工业出版社
·北京·

内容简介

移动机器人是一个集环境感知、导航定位、路径规划、动态决策、视觉分析与行为控制等功能于一体的复杂系统，能够实现全方位、全时域、全天候的巡查监视，可大幅提升智能化和信息化管理水平。本书紧紧围绕移动机器人导航定位、视觉分析两大核心功能展开讨论，主要内容包括机器人视觉导航定位与智能视觉分析技术介绍（第1章）、传统视觉定位算法（第2、3章）、基于深度学习的视觉定位算法（第4、5章）、基于深度学习的视觉闭环检测算法（第6章）、视频序列运动目标分割算法（第7章）、视频序列目标行为识别算法（第8、9章）。本书详细介绍了相关算法的研究背景、理论基础和算法描述，并给出了相应的实验结果。本书是移动机器人视觉导航定位与智能视觉分析方面的专著，反映了作者近年来在这一领域的主要研究成果。

本书内容新颖、结构清晰、语言简练，可作为大专院校及科研院所模式识别、视觉导航和机器视觉等领域的高年级本科生、研究生的教材和参考书，也可作为相关领域教师、科研人员，以及智能机器人、视频监控行业工程技术人员的参考书。

图书在版编目（CIP）数据

移动机器人视觉SLAM与智能分析技术 / 崔智高等著．北京：国防工业出版社，2024. 10. -- ISBN 978-7-118-13482-7

Ⅰ. TP242.6

中国国家版本馆CIP数据核字第2024FP5489号

※

国防工业出版社出版发行

（北京市海淀区紫竹院南路23号　邮政编码100048）

天津嘉恒印务有限公司印刷

新华书店经售

*

开本 710×1000　1/16　**印张** 9　**字数** 158千字

2024年10月第1版第1次印刷　**印数** 1—2000册　**定价** 88.00元

（本书如有印装错误，我社负责调换）

国防书店：（010）88540777　书店传真：（010）88540776

发行业务：（010）88540717　发行传真：（010）88540762

前　　言

随着机械制造、网络通信、自动控制、人工智能等领域的飞速发展，移动机器人逐渐受到国内外高校、工业界的广泛重视。移动机器人具有不怕危险、不知疲倦、感知能力强等特点，因而承担了越来越多人类无法或者较难完成的任务。近几年随着技术的不断进步，移动机器人的工作环境已从最初的工业领域逐渐转入复杂战场的极端环境，其中巡检机器人能够完成各种烦琐的巡检巡查任务，从而实现全方位、全时域、全天候的巡查监视，大幅提升智能化和信息化管理水平。

巡检机器人通常由本体机构、底盘系统、远程监控、导航定位、视觉分析、环境探测、数据传输、电源管理、电机驱动等分系统组成。在上述分系统中，视觉导航定位和视觉智能分析分系统是巡检机器人最重要的两个分系统。其中：视觉导航定位分系统主要是指利用人为标识物或机器人自身传感器实现机器人本体的定位以及环境地图的构建，从而使移动机器人能够实时感知自身所处的位置和周围的环境；而视觉智能分析分系统主要是指通过安装的多个可见光和红外摄像机，对巡检巡查过程中发现的可疑人员和目标进行自动判断和报警，从而实现机器人的自主和智能视觉感知。

本书针对移动机器人展开讨论，并重点研究了其两大核心技术——视觉导航定位和视觉智能分析。全书共分为9章，除绪论外，其他内容又分为两个部分。第1章绪论，介绍移动机器人的研究背景和关键技术。第一部分重点介绍移动机器人的视觉导航定位技术，主要包括基于点线特征融合的半直接视觉定位算法（第2章）、基于改进三维ICP匹配的单目视觉定位算法（第3章）、基于递归神经网络的单目视觉定位算法（第4章）、基于自监督深度估计的单目视觉定位算法（第5章）、基于多层次卷积神经网络的视觉闭环检测算法（第6章）；第二部分重点介绍移动机器人视觉智能分析技术，主要包括基于运动显著特性的运动目标分割算法（第7章）、基于限制密集轨迹的目标行为识别算法（第8章）、基于有序光流图和双流卷积网络的目标行为识别算法（第9章）。

本书由崔智高拟订全书的大纲和撰写第1、7章，并对全书进行统稿、修改和定稿，由李庆辉执笔第 8、9 章，袁梦执笔第 2、3 章，鲍振强执笔第 4~6 章。本书在著述过程中得到了火箭军工程大学业务机关和机电教研室的支持和帮助，在此一并表示感谢。另外，感谢研究组的李爱华、王涛、蔡艳平、曹继平、张瑞祥、苏延召、姜柯、韩德帅、钟啸、王念、兰云伟等为本书提供了很有价值的素材，并协助完成了纷繁的审读、校对、修改等工作。

移动机器人视觉导航定位与智能视觉分析是尚在发展中的新技术，限于作者水平有限，本书难免存在不妥之处，谨请读者指正。

作　者

2024 年 9 月于西安

目　　录

第1章　绪　　论

1.1　巡检机器人

随着机械制造、网络通信、自动控制、人工智能等领域的飞速发展，移动机器人逐渐受到国内外高校、工业界的广泛重视。移动机器人具有不怕危险、不知疲倦、感知能力强等特点，因而承担了越来越多人类无法或者较难完成的任务，并在物流运输、电力巡检等工业领域体现出了巨大优势，取得了较好的应用效果[1-3]。近几年随着技术的不断进步，移动机器人的工作环境已从最初的工业领域逐渐转入复杂战场的极端环境。根据移动机器人的不同用途，其大致可分为侦察机器人、巡检机器人、防爆机器人等不同类型[4]，其中巡检机器人是一个集环境感知、路径规划、动态决策、视觉分析与行为控制等功能于一体的复杂系统，能够实现全方位、全时域、全天候的巡查监视，大幅提升智能化和信息化管理水平。

巡检机器人由于用途广泛、功能强大，受到了各西方强国的高度重视。早期有代表性的产品是美国 MDARS 系列巡检机器人，其巡检速度为 3km/h，充电一次可使用 8h，具备可见光和红外成像、导航定位等功能，主要应用于重要基地、军火库等重要设施和室内仓库的巡检警戒任务。俄罗斯研发的 Tran Patrul 3.1 巡检机器人主要应用于洞库周边的警戒巡逻，该机器人体积小巧、行动迅速，可按照预定路线自主游弋巡逻，在发现可疑入侵人员时能够自动跟踪监视。日本 SECOM 公司针对军用机场、后勤营房等占地面积较大的工程，研制开发了 SECOM 机器人，该机器人可利用全景摄像机实现全方位监视，还可利用声音、光线以及烟雾等手段阻止入侵活动。

通常情况下，巡检机器人由本体机构、底盘系统、远程监控、导航定位、视觉分析、环境探测、数据传输、电源管理、电机驱动等分系统组成，其示意图如图 1-1 所示。

1. 导航定位分系统

导航定位分系统主要是指利用人为标识物或机器人自身传感器实现机器人本体的定位以及环境地图的构建，从而使移动机器人能够实时感知自身所处的

图 1-1　巡检机器人示意图

位置和周围的环境。目前巡检机器人导航定位方法主要可分为间接方式和直接方式两种[5]。

1）间接方式

间接方式是指通过人为标识物实现导航定位的方式，较为典型的包括电磁导轨导航[6-7]、二维码导航[8-9]等，该种导航方式在一些小范围室内物流管理场景中应用广泛，但是对于场景范围较大的工程而言，人为标识物的布置、安装与维护成本均较高。

2）直接方式

直接方式是指依赖机器人本体传感器主动获得位姿信息的导航方式，该种导航方式最早采用激光雷达获得巡检机器人本体与周边环境之间的距离信息，并利用激光雷达构建的二维或三维栅格地图进行全局导航与定位[10]。近几年，随着视觉传感器的快速应用以及计算机视觉的不断发展，视觉定位与建图（Simultaneous Localization and Mapping，SLAM）技术[11]逐渐受到国内外学者的广泛关注。该种导航定位方式由于准确性更高、实时性更好、鲁棒性更强，且视觉传感器成本低、采集信息量大且丰富，逐渐成为巡检机器人导航定位领域的研究热点。

2. 视觉分析分系统

除导航定位分系统外，巡检机器人另一个重要的分系统是视觉分析分系统。视觉分析分系统通过安装的多个可见光和红外摄像机，对巡检巡查过程中发现的可疑人员和目标进行自动判断和报警，从而实现机器人的自主和智能视觉感知。巡检机器人视觉分析分系统通常可分为运动目标分割、目标行为识别、视频图像获取、图像预处理等智能分析模块。

1）运动目标分割模块

运动目标分割模块[12]针对移动机器人发现的某一类目标，获取其在图像或视频中的像素位置或存在区域，其结果可作为目标行为识别模块的输入或先验，也可直接作为移动机器人远程监控分系统的输出。

2）目标行为识别模块

目标行为识别模块[13]通过分析图像或视频中运动目标的形态外观或运动变化特征，实现目标行为特性的有效挖掘和分类。目标行为识别属于计算机视觉的高层视觉处理领域，能够使巡检机器人在一定程度上获取图像或视频的语义知识描述，从而使其具有更加智能的行为决策能力[14]。

综上所述，视觉 SLAM 和智能视觉分析技术在巡检机器人中具有十分重要的作用，因此有必要进一步开展相关研究。

1.2　机器人视觉 SLAM 技术

1.2.1　视觉 SLAM 技术框架

视觉 SLAM 技术是指使移动机器人利用视觉传感器实现自身的定位以及环境地图的构建，从而能够像人一样可以自主地在环境中移动的技术。经过国内外研究人员近三十年的不懈努力，视觉 SLAM 技术已形成了稳定的技术框架，主要包括图像数据采集、视觉里程计、后端优化、闭环检测和地图构建 5 部分，如图 1-2 所示。

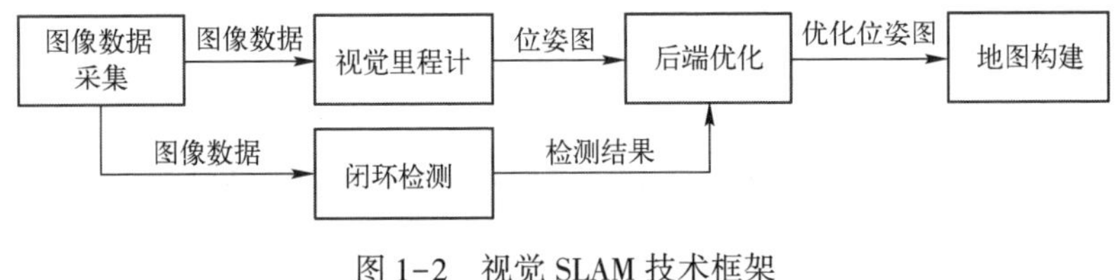

图 1-2　视觉 SLAM 技术框架

1. 图像数据采集

图像数据采集在视觉 SLAM 中主要是指利用视觉传感器获得场景图像或视频数据。

2. 视觉里程计

视觉里程计（Visual Odometry，VO）又称为前端，它是指利用移动机器人搭载摄像机采集到的图像序列，通过位姿估计方法获得相机的运动轨迹，从而实现对局部地图的描述。根据是否提取特征点，目前视觉里程计主流的位姿估计方法可分为特征点法、直接法和半直接法三类。

（1）特征点法的核心思想是最小化重投影误差，其具体步骤包括：①采用特征提取算法提取图像特征点并计算特征点的描述子；②对所提取图像间的特征进行匹配；③基于最小化重投影误差原理对相邻图像间的运动进行估计；④重复以上步骤得到相机的完整轨迹。该方法通常适应于较大的帧间运动，在复杂场景条件下可获得较好的特征匹配效果，但是该方法的缺点也很明显，主要包括：①在图像特征提取和匹配时占用很大的计算资源；②只提取了图像中很少的特征点却忽略了图像中其余大量的信息；③在场景单一、特征缺失的环境下难以发挥较好的性能。

（2）直接法无须提取图像特征，而是利用图像灰度信息通过最小化光度测量误差来估计相机的位姿，从而有效提高了算法的运行效率。该方法实时性好，并且充分利用了图像的所有像素信息，因此在特征缺失的场景下也可以发挥很好的效果，然而该方法是基于图像灰度不变这一前提假设的，因此在实际环境中由于光照变化或帧间运动过大导致图像亮度发生改变时，该方法很有可能失效。

（3）半直接法是一种融合了特征点法和直接法的方法，其主要特点是只跟踪图像中的一些关键点，而不对特征点的描述子进行计算，因此大大提高了执行速度，提取关键点后再像直接法那样利用这些关键点周围的信息进行位姿估计。

3. 后端优化

后端优化通常又称为后端，它是指经前端估计获得相机的位姿后，后端结合回环检测的结果对其进行优化处理，进而得到全局一致性较好的相机运动轨迹和地图。

4. 闭环检测

闭环检测（Loop Closure Detection，LCD）的主要作用是判断移动机器人是否到达曾经来过的某个区域。若检测到闭环，则将此闭环信息提供给后端进行处理，从而减小视觉里程计的累积误差，其主要步骤如图1-3所示。通常情况下，由于错误的闭环检测会影响相机位姿和地图构建的精度，因此如何在视觉SLAM系统中引入正确且高效的闭环检测算法，是国内外研究者的关注重点。其难点主要包括：

（1）移动机器人捕获图像中通常会有部分物体的相似度较大，例如墙壁、道路、树木等，上述相似度较大的物体往往会导致感知歧义。

（2）移动机器人闭环检测的结果通常容易受到诸如天气、场景中动态因素和拍摄视角的干扰，从而导致闭环检测系统的鲁棒性和收敛性难以保证。

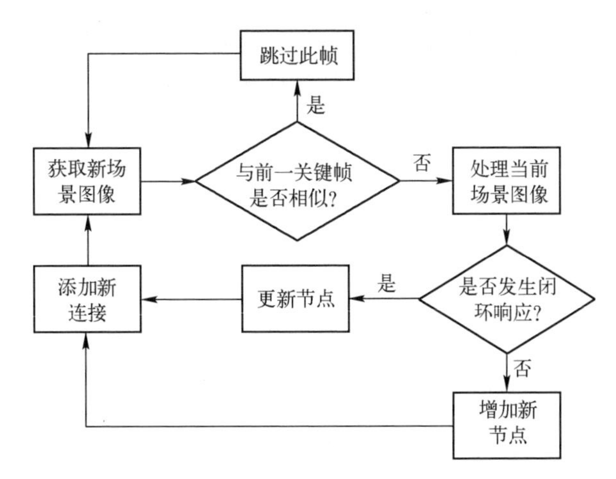

图 1-3　视觉 SLAM 闭环检测的主要步骤

（3）移动机器人闭环检测模块需要将当前帧与所有历史帧进行比较，随着地图规模的不断扩大，其所需要比对的次数急剧增加，从而导致计算量增大，影响移动机器人视觉 SLAM 系统的实时性。

为解决上述难点问题，视觉 SLAM 闭环检测的基本方法是判断图像之间的相似性，目前通常采用词袋模型实现[15]。词袋模型类似于字典结构，它将单幅图像作为袋子，单词则是由离线训练聚类所得到的大量图像特征点组成。在构建的词袋空间中，采用类似文本检索的方法对每帧图像经计算所得到的词袋模型进行快速的匹配检索，从而得到图像间的相似度大小，并根据相似度阈值判断是否存在闭环。

5. 地图构建

地图构建的主要作用是根据估计得到的相机位姿构建环境地图，通常所构建的环境地图形式分为度量地图、拓扑地图和语义地图。

（1）度量地图[16-17]主要用于精确表示地图中物体之间的位置关系，具体又可分为稠密地图和稀疏地图两种。

① 稠密地图是指对环境中的所有物体进行建模，并按照设定的分辨率将地图划分为多个小块，每个小块均对应占据、空闲和未知中的任意一种状态，从而表示该小块内是否含有障碍物。通常情况下稠密地图容易创建和维护，但由于稠密地图存储了所有小块的信息，因此会占据大量的存储空间。此外，在对大规模场景进行建图时，随着观测图像数据的不断更新和环境的持续扩展，相应的小块数量会显著增多，从而导致对地图的维护变得非常困难。

② 稀疏地图是相对于稠密地图而言的，它是指对实际环境进行了抽象，

因此无须对所有的物体进行建模，从而有效提高了建图效率、减轻了存储负担。需要指出的是，虽然稀疏地图能够用于机器人的实时定位，但由于它只是对环境中的显著标识点进行了建模，因此要想完成自主导航任务，还需要其他方法进行辅助。

（2）在拓扑地图[18-19]中，实际空间环境被抽象表示为具有拓扑意义的图，它由节点和边组成，其中图的节点表示环境中的特征状态点，并且若节点之间存在连通关系，则用一条边表示。拓扑地图的主要优点是所需存储的空间较小，缺点是由于没有对环境细节特征进行精确描述，因此不能表达具有复杂结构的地图，并且如何划分拓扑地图中的节点和边，以及如何利用它进行路径规划仍是有待研究的问题。

（3）语义地图的研究者通常希望给地图上的元素添加标签信息，从而使得地图的含义更加丰富，并使智能机器人与人类的交互更加自然。建立语义地图的关键在于地图元素的识别与分类，本质上是一个在线学习的模式识别问题。该方向的研究工作出现较晚，目前多数研究者正致力于场景识别问题的研究。

1.2.2 传统视觉 SLAM 技术研究现状

1. 基于特征点法的视觉 SLAM 技术

自 1986 年 Smith 等[20]提出采用扩展卡尔曼滤波器对 SLAM 问题进行建模，以及估计机器人的运动轨迹和环境中的路标点位置以来，视觉 SLAM 领域经过多年的发展，已经取得了长足的进步。Davison 等[21]将扩展卡尔曼滤波器应用到 SLAM 后端来减小累积误差，并在此基础上提出了第一个实时单目视觉 SLAM 系统 MonoSLAM。Klein 等[22]随后提出了 PTAM 算法，该算法不仅实现了特征点跟踪与地图构建的并行优化，而且首次利用非线性优化的方法对位姿和地图进行估计，它标志着视觉 SLAM 技术从此进入了以后端非线性优化为主导的时代。在 PTAM 算法的基础上，Murl 等[23-24]提出了 ORB-SLAM 算法，该算法是一个基于特征点且各个功能模块完善的 SLAM 系统，其优点主要包括：①支持单目、双目、RGB-D 三种模式，具有很好的泛用能力；②具有闭环检测模块，从而在很大程度上减小了累积误差，并且在机器人丢失位置后能够迅速进行重新定位；③基于 ORB-SLAM 算法的移动机器人系统围绕 ORB 特征[25]进行计算，包括视觉里程计和闭环检测的 ORB 词典等，ORB 特征的计算量相比于之前的 SURF[26]和 SIFT[27]特征小，因此可在 CPU 上进行实时计算，并且相比于 Harris 角点[28]等角点特征，ORB 特征又具有良好的旋转和缩放不变性；④采用三线程结构有效保证了轨迹与地图的全局一致性，其中三线程是指实时跟踪特征点的 Tracking 线程、局部优化线程和全局位姿图的闭环检测和优化线程。当然，ORB-SLAM 算法也存在不足，主要包括：①其三线程结构要求只有在当前 PC 架构的 CPU 上才能实时运算，将其移植到嵌入式设备上存在一定困难；②所构建的地图为稀疏特征点，只能满足对定位的需求，而无法提供导航、避障等诸多功能。

2. 基于直接法的视觉 SLAM 技术

上述 SLAM 系统均是基于特征点进行开发的，近几年陆续出现了一些基于非特征点的 SLAM 系统。Newcomebe 等[29]首次提出了基于直接法的 DTAM 算法，该算法对所有的像素都恢复了稠密的深度图，并且采用了全局优化处理，因此即使在场景特征缺失和图像模糊等极端情况下也能很好的运行，该算法的主要缺点是计算量非常大[30]。J. Engle 等[31-32]提出了 LSD-SLAM 算法，该算法直接利用像素梯度明显的区域进行建模，并通过最小化光度误差的方法进行位姿估计，从而充分利用了图像含有的丰富信息，在 CPU 上实现了实时的半稠密地图构建，该算法的主要缺点是假设相机平缓运动，因此对移动机器人搭载摄像机的快速运动非常敏感。在上述算法的基础上，J. Engle 等又提出了基于直接法的 DSO 算法[33]，该算法采用光度标定模型对相机的曝光、暗角、伽马响应等参数进行标定，从而有效校正了图像亮度值，使得直接法更加鲁棒。

3. 基于半直接法的视觉 SLAM 技术

Forster 等提出了 SVO 算法[34]，该算法只对稀疏的关键点进行跟踪，然后利用关键点周围的信息对相机位姿进行估计，该方法由于不使用计算描述子，而且处理的信息远少于稠密或者半稠密信息，因此计算速度极快。然而，SVO 算法并不是一个完整的 SLAM 系统，它没有后端优化和闭环检测模块，导致位姿估计存在较大误差，且位置丢失后无法重新定位。

以上所述算法可以说代表了传统视觉 SLAM 技术发展的最高水平。需要指出的是，特征点法、直接法和半直接法具有各自的优缺点，实际应用中需要根据不同的应用环境进行选择。图 1-4 给出了其中几种视觉 SLAM 算法的运行效果。

1.2.3 基于深度学习的视觉 SLAM 技术研究现状

近年来，随着深度学习技术的蓬勃发展，部分学者将深度学习应用到了移动机器人视觉 SLAM 领域，同样取得了不错的效果。

1. 传统视觉 SLAM 与深度学习相结合的方法

深度学习技术可以很好地对图像特征进行提取，相比于传统的基于稠密特征或稀疏特征的视觉 SLAM 方法，基于深度学习的方法避免了人工特征提取、

(a) MonoSLAM

(b) LSD-SLAM

(c) ORB-SLAM

(d) DSO

图 1-4　几种视觉 SLAM 算法运行效果示意图

特征匹配以及复杂的几何计算，因此显得更加直观简洁[35-36]。Yi 等[37]提出了一种基于深度神经网络的特征点处理流程，主要包括特征检测、方向估计和特征描述等步骤，图 1-5 给出了该方法与 SIFT 方法的特征点提取对比，从图中可以看出，其效果可与主流方法相媲美，并且该方法可以提取出更加稠密的特征点。Detone 等[38]提出了利用两个深度卷积神经网络进行图像特征点提取与匹配的算法，该算法达到了单核 CPU 上 30 帧/s 的速度，从而能够有效辅助视觉 SLAM 算法获得更好的实时性。Tateno 等[39]提出了 CNN-SLAM 算法，该算法在原有基于直接法稠密视觉 SLAM 算法的基础上，加入了基于卷积神经网络的图像深度估计模块，从而克服了单目视觉 SLAM 算法无法得到场景真实尺度的缺陷。此外，该视觉 SLAM 系统中的另一个卷积神经网络主要用于图像的语义分割[40-41]，它将语义分割结果和估计的深度图融入全局深度图和语义分割图中，从而得到由三维点云组成的最终语义地图。该算法的最终效果图如图 1-6 所示，图中第一行为三维点云图，第二行为对应的三维语义图。

图 1-5　SIFT（左）、LIFT（右）提取的特征点对比图

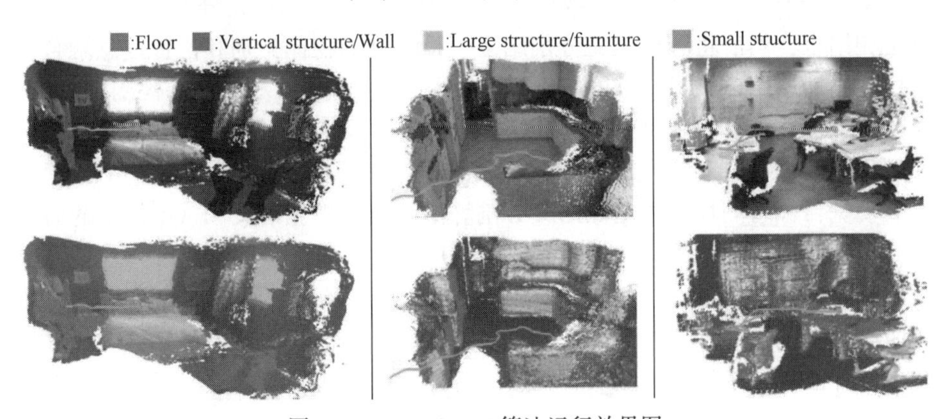

图 1-6　CNN-SLAM 算法运行效果图

2. 端到端的视觉里程计技术

Konda 和 Memisevic[42]首次提出将深度学习用于相机速度和方向变化的估计，该算法首先提取图像的深度信息，然后对相机速度和方向的改变量进行估计，该算法将多目视觉里程计作为分类问题进行处理，其精度相比于传统的视觉里程计算法要差。Costante 等[43]将预处理好的光流图作为输入进行运动估计，从而更好地解决了模型的通用问题，该算法的主要缺陷在于需要提前得到光流图，因此难以满足实时应用的需求。Kendal 等[44]将视觉里程计作为回归问题进行处理，并在此基础上提出了基于卷积神经网络的回归位姿方法[45]。Benjamin 等[46]提出了一种将相机位姿和图像深度作为监督信息的深度学习算法，该算法首先将连续图像对作为输入，然后通过多层编码和解码网络估计得到图像的深度和相机的运动信息。Vijayanarasimhan 等[47]提出了 SfM-Net 网络，该算法首先对场景深度进行估计并分割出场景中的运动物体，然后对相机和运动物体进行运动估计并将其转换为稠密帧间运动场（即光流），该算法的主要优点是可采用基于自监督的投影光度误差（完全无监督）、基于自运动（相机运动）的有监督训练、基于深度信息的有监督训练三种不同监督方法进行训练，自适应能力强[48]。Zhou 等[49]提出了一种无监督的深度学习算法，该算法利用单目图像序列实现图像深度估计和相机位姿估计，其主要由用来估计图像帧间运动的 Pose CNN 和用来估计图像深度的 Depth CNN 组成，该算法的主要缺陷是不能恢复场景的绝对尺度，并且定位精度相对较差。

3. 视觉语义 SLAM 技术

随着计算机视觉、人工智能等领域的迅猛发展，以及机器人在人机交互和环境感知等方面的需要，视觉语义 SLAM 技术逐渐成为移动机器人领域极具前景的研究方向[50]。获取语义信息的方法主要包括图像语义分割和视觉目标检测，早期研究人员都是将传统视觉目标检测算法或图像语义分割算法与 SLAM 算法相结合，然后将图像语义分割结果、检测到的物体类别和位置信息融合到所构建的地图中，该类方法的主要缺陷是语义分割效果差、目标检测精度低、地图构建速度慢。随着深度学习的快速发展和广泛应用，深度神经网络在目标检测和图像语义分割领域取得了重大突破[51-52]，因此部分学者将基于深度学习的视觉目标检测算法和图像语义分割算法应用到视觉语义 SLAM 技术的研究中，从而开启了视觉语义 SLAM 研究的新篇章。

Tateno 等[39]提出了 CNN SLAM 算法，该算法将基于卷积神经网络的二维图像语义分割结果融入视觉 SLAM 算法中，从而获得了含有语义信息的三维地图，该算法是在单目视觉 SLAM 算法的基础上改进的，与之类似的工作还有文献［53］。Sünderhauf 等[54]利用 SSD 神经网络进行目标识别，并将该语义信息与基于超体元的三维无监督点云分割结果进行结合，从而融入 ORB-SLAM2 算法中获得了三维语义地图。McCormac 等[55]提出了 SemanticFusion 算法，该算法完全利用端到端的卷积神经网络进行语义分割。Noh 等[56]在图像语义分割网络结构（基于 VGG-16 网络）的基础上进一步增加了深度通道，该算法首先将四通道 RGB-D 图像作为输入，以获得稠密的像素级语义分割结果，然后将其融合到 Elastic Fusion SLAM 算法中获得稠密的三维语义地图[57]。图 1-7 所示为利用上述方法构建的语义地图。

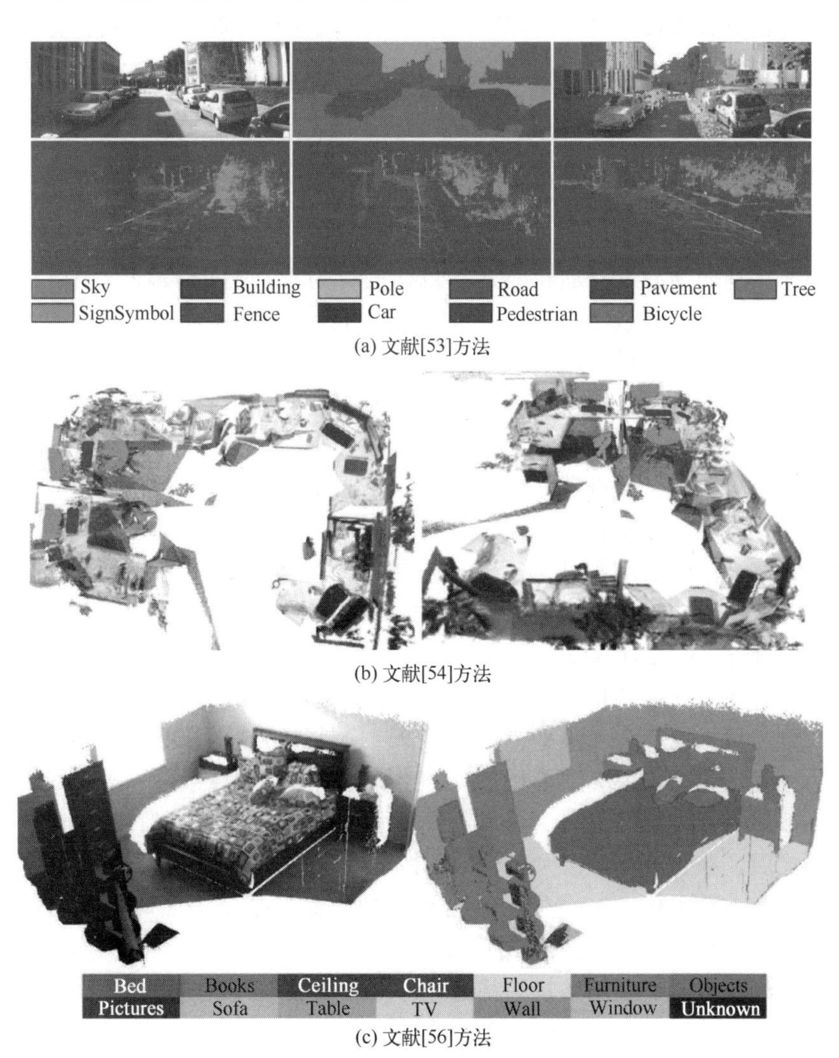

(a) 文献[53]方法

(b) 文献[54]方法

(c) 文献[56]方法

图 1-7　三种语义地图构建效果图

1.3 机器人智能视觉分析技术

机器人智能视觉分析是指以巡查机器人搭载的监控摄像机作为前端采集设备，利用计算机视觉的相关技术对采集的视频序列进行智能分析，如运动目标分割、目标行为识别等，从而使机器人能够对巡查过程中发现的可疑人员和目标进行自动判断和报警，实现机器人的自主和智能视觉感知。通常情况下，机器人智能视觉分析技术可分为视频图像获取、图像预处理、运动目标分割、目标行为识别几个层次[58]，本书重点关注运动目标分割和目标行为识别两部分内容。

1.3.1 运动目标分割技术研究现状

运动目标分割是指将感兴趣的运动目标（行人、车辆等）从复杂背景中分离出来，从而为后续开展特定运动目标的行为识别奠定基础[59]。由于移动机器人应用场景的复杂性，稳定可靠的运动目标分割算法通常需要面对许多挑战，如动态背景（树叶晃动、摄像机运动）、光照变化、运动阴影等。通常情况下，根据移动机器人搭载摄像机是否运动，可将运动目标分割分为静态背景下的运动目标分割和动态背景下的运动目标分割两类[60]。例如：移动机器人在某一固定位置担任值班警戒任务时，其搭载的监控摄像机保持固定方向且与监控场景保持相对静止，此时对应的是静态背景下的运动目标分割；而当移动机器人在某一广阔区域担任巡查巡检任务时，其搭载的监控摄像机时刻在运动，此时对应的是动态背景下的运动目标分割。

1. 静态背景下的运动目标分割技术

静态背景下的运动目标分割通常采用背景减除策略，主要包括背景建模、前景分割、背景更新三个步骤，其中背景建模是该方法的核心。模型按照参数可分为有参数模型和无参数模型；按照建模对象可分为像素级、区域级、帧级模型；按照特征种类又可分为单一特征模型和混合特征模型[61]。在建立好背景模型之后，前景分割阶段则将当前图像与背景模型进行比较，满足一定阈值条件的视为运动目标，其余的均认为是背景。背景更新是应对场景变化的关键，通常只将检测为背景的点更新到背景模型中，从而增强模型的适应性。

由于移动机器人应用场景的复杂性，目前并没有一个通用的算法能够应对静态背景下运动目标分割所面临的挑战，因而基于背景减除策略的静态背景下运动目标分割研究依然很活跃。Stauffer 等[62]提出利用多个高斯分布对背景进行建模，并通过对场景进行训练得到比较稳定的背景模型，同时按照一定的周期对背景模型进行更新，该方法能够适应场景中光线的缓慢变化，并对背景的轻微干扰（如树叶晃动）也有较好的适应性，然而该方法需要针对不同的监控场景调整训练参数和前景分割的判断阈值，其目标分割的实时性也不高。Zivkovic 等[63]提出了一种改进的自适应混合高斯模型，该算法极大地提升了运动目标分割的鲁棒性与实时性，但是该方法对于光照突变等情形适应能力较弱。Elgammal 等[64]通过对一段时间内的视频数据进行核密度估计来获得背景像素的概率密度参数，该方法不需要手动调整训练参数，其分割结果也相对准确，但是该方法由于需要缓存大量的训练数据进行参数估计，因此对内存需求较高，实时性也不强，且比较容易受到噪声的干扰。Kim 等[65]利用训练样本形成一系列的聚类码字，用于对目标与背景进行区分，该方法实时性比较强，但对动态场景以及虚假目标的处理上还有待进一步改进。

以上几种背景减除方式属于比较经典的算法，近年来针对动态场景、光照突变、运动阴影等问题，许多学者又提出了一系列新的背景建模方式，如采样一致性模型（Sample Consensus，SACON）[66-67]、空间一致的自组织神经元模型（Spatially Coherent Self-organizing Background Subtraction，SC-SOBS）[68-69]、视觉背景提取算法模型（Visual Background Extractor，VIBE）[70-71]、粗糙集框架下的直方图模型（Histon Roughness Index，HRI）[72-73]等。

2. 动态背景下的运动目标分割技术

动态背景下的运动目标分割通常利用背景和前景在多帧积累的运动信息。近些年的研究表明，运动线索是人类分割和识别物体最重要的特征之一[74-75]，因此利用长时间积累的运动信息分割运动物体具有重要意义。

为了利用运动线索，研究者们尝试从视频序列中提取长时运动轨迹[76-77]，并通过轨迹运动模式的分析分割出动态背景下的运动物体。多帧跟踪的像素点轨迹蕴含丰富的运动信息，并且同一运动物体轨迹具有类内一致性，不同运动物体轨迹具有类间差异性，因此通过轨迹分析可以更好地区分不同物体[78]。Dey 等[79]以对极几何为基础提出了一种基于多组基础矩阵的视频序列目标分割算法，该方法利用帧间基础矩阵约束[80]对背景运动进行建模，并根据运动轨迹通过该模型的差异特性，将运动轨迹分类为背景轨迹和运动目标轨迹，从而实现视频序列运动目标的分割。Ochs 等[81]首先利用运动线索定义轨迹之间的相似度矩阵，然后运用谱聚类技术[82]对运动轨迹进行聚类，最后通过变分操作得到完整的像素一级前景分割结果。Sheikh 等[83]首先将视频序列划分为多个局部窗口，然后通过低秩约束将窗口内的等长运动轨迹分类为背景轨迹和运动目标轨迹，最后利用分离后的轨迹构造背景和前景的表观模型，从而进一步获得像素一级的目标分割结果。Elqursh 等[84]首先通过距离度量产生运动轨迹的相似性矩阵，并在谱空间进行聚类，然后利用聚类的紧凑程度、谱空间的离散度以及背景和前景的位置关系，对上一步的聚类结果进行前背景二值标记，最后根据像素点之间的颜色、位置等属性对每个像素进行标记，从而获得像素一级的运动目标分割结果[85]，该算法的部分分割结果示例如图1-8所示。

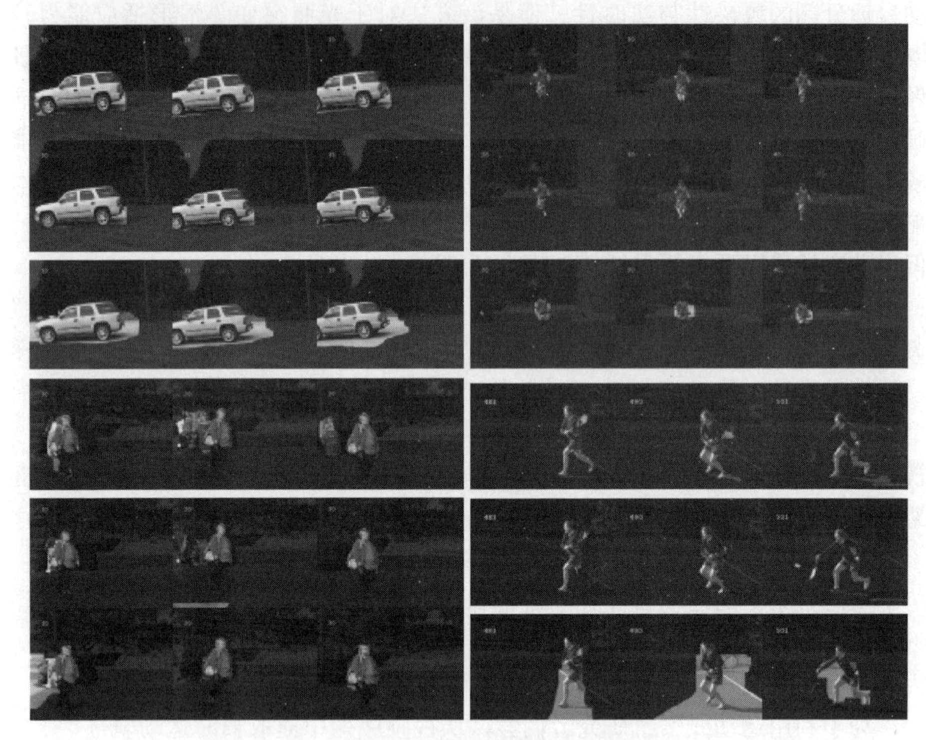

图1-8 文献［85］算法运动目标分割结果示例

1.3.2 目标行为识别技术研究现状

目标行为识别是指在运动目标分割的基础上，进一步利用计算机视觉中的相关技术，自动识别移动机器人搭载摄像机捕获图像中的行为动作，从而使机器人能够根据具体需要发出预警信号或实施相关决策。目前，目标行为识别技术主要分为基于人工设计特征的方法和基于深度学习特征的方法两类[86-88]。其中，基于人工设计特征的方法主要依赖专门设计的特征检测器和描述子，如Hessian 3D、SIFT、HOG、SURF和LBP等[89]，然后采用一个通用的可训练分类器进行行为识别；基于深度学习特征的方法采用可训练的特征提取器，能够从原始数据中自动地学习特征，从而实现端到端的学习[90]。

1. 基于人工设计特征的方法

基于人工设计特征的方法按照采用特征的类型，可分为基于全局特征的表示方法和基于局部特征的表示方法两类。

（1）基于全局特征的表示方法通常首先利用前述运动目标分割算法提取出运动目标区域，然后对目标区域的外观、动态或其组合信息进行整体性描述以实现行为表示。Bobick 等[91]首先提取每帧的运动目标二值化剪影图像，然后将所有剪影叠加到同一幅图像上得到运动能量图，最后将得到的目标剪影按时间顺序分别乘以不同的权值后叠加得到运动历史图。Junejo 等[92]将从每帧视频中提取的目标轮廓转换为时间序列，再将得到的每个时间序列转化为符号向量（符号化聚合近似形状），最后采用这些符号化聚合近似形状的集合表示行为。通常情况下，全局特征表示包含比较丰富的运动目标形状信息和运动信息[93]，但全局特征表示方法的预处理工作量较大，且非常容易受遮挡、杂乱背景、相机视角和行为主体等因素的影响，因此往往适用于有一定限制的背景环境。

（2）基于局部特征的表示方法一般采用局部响应函数或等间隔采样的方式从视频中抽取时空兴趣点，再以时空兴趣点为基础建立特征向量，此类方法通常不需要进行复杂的预处理，其一般流程通常包括局部特征检测、局部描述子提取和局部描述子编码三个步骤，如图 1-9 所示。

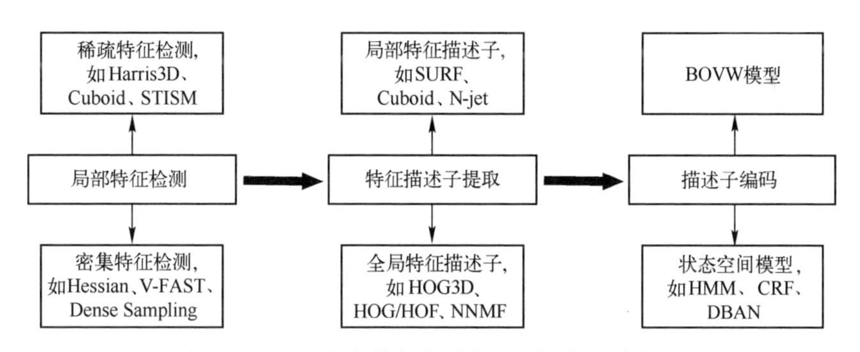

图 1-9　基于局部特征表示的目标行为识别流程

在局部特征检测和局部描述子提取方面，Laptev 等[94]认为在时空兴趣点周围局部区域存在着空间和时间上的显著变化，能够为目标行为提供紧凑的特征表示，上述局部区域可通过在空间和时间尺度上对归一化的时空拉普拉斯算子求最大化获得。Klaser 等[95]将方向梯度直方图扩展到时空域，该方法首先将局部邻域划分为时空网格，然后把像素点三维梯度的方向分别量化到正十二面体的最近一面，最后以网格为单位统计像素点的梯度量化方向，并级联所有网格直方图作为局部描述子。Laptev 等[96]提出了方向光流直方图，方向光流直方图构造方法与方向梯度直方图类似，不同之处在于统计的是网格内像素点的光流量化方向。

在获得视频序列的局部特征及其描述之后，需要将这些描述子量化为固定长度的特征向量以便分类器（如支持向量机等）进行识别，这一过程称为局部描述子编码。Dollar 等[97]首先将视觉词袋模型引入目标行为识别中，最初的视觉词袋模型忽略了时间信息。为了解决上述问题，Laptev 等[96]采用时空网格将视频划分成若干个子块，然后在每个子块内部编码描述子，最后根据所有子视频的编码结果进行行为识别[98-99]。

2. 基于深度学习特征的方法

深度学习[100]使用可训练的特征提取器和具有多个处理层的计算模型对数据进行多层表示和抽象，它相比于人工设计特征更有优势。Simonyan 等[101]提出了基于两个信息流（空间和时间）的目标行为识别方法，这两个信息流都基于卷积神经网络（Convolutional Neural Network，CNN）实现，其中空间流以堆叠视频帧为输入，主要用于编码空间表观信息，而时间流则以堆叠光流位移场为输入，主要用于编码时域运动信息，实验表明该算法取得的识别结果优于基于人工设计特征的方法。Wang 等[102]利用稀疏采样抽取多个视频片段，并分别在每个片段上建立双流卷积网络，最后融合所有网络的输出结果实现目标行为识别。

为了更好地表征时序数据的上下文信息，研究者又提出了递归神经网络（Recurrent Neural Networks，RNN）[103]，但传统 RNN 在利用反向传播算法进行训练时会出现梯度消失（经常发生）、梯度膨胀（较少发生）等问题，从而导致难以构建深层的 RNN 网络。为解决上述问题，Veeriah 等[104]引入了长短时记忆（Long Short-Term Memory，LSTM）单元，该算法首先构造了一个包含输入层、隐含层和输出层的网络结构，然后把 LSTM 隐含层的状态向量转换为导数，从而实现目标行为的特征提取。

通常情况下，基于深度学习特征的目标行为识别算法需要大量的训练样本，然而收集和标注大量的视频数据却非常费时费力，并且需要巨大的计算资源[105]。为了克服上述问题，Sun 等[106]通过引入一个新的转换和排列算子，提出了因式分解时空卷积网络（Factorized Spatio-temporal Convolutional Networks，FstCN），该算法将原始三维卷积核学习分解为在较低层（称为空间卷积层）中的二维空间核学习，以及在上层（称为时间卷积层）中的一维时间核学习，从而有效降低了网络参数的数量以及 CNN 卷积核的训练复杂度。Park 等[107]使用人工设计特征（如光流）对中间 CNN 特征图执行空间变换，并在此基础上提出了一种乘法融合方法，以用于对在不同特征上训练的多个 CNN 预测结果进行融合。Wang 等[108]首先在多个空间尺度上密集采样特征点，然后跟踪特征点得到轨迹形状特征，最后通过特征映射正则化和轨迹池化提取描述子(Trajectory-pooled Deep-convolutional Descriptors，TDD)，从而实现目标的行为识别。

1.4　本书主要内容安排

移动机器人视觉 SLAM 与智能分析技术经过近几十年的研究，已经得到长足发展，但仍有很多技术难题有待解决。本书紧紧围绕移动机器人视觉 SLAM 与智能视觉分析这两个核心问题，寻找主要问题的解决方法。全书共包含 9 章，各章内容之间的关系如图 1-10 所示。

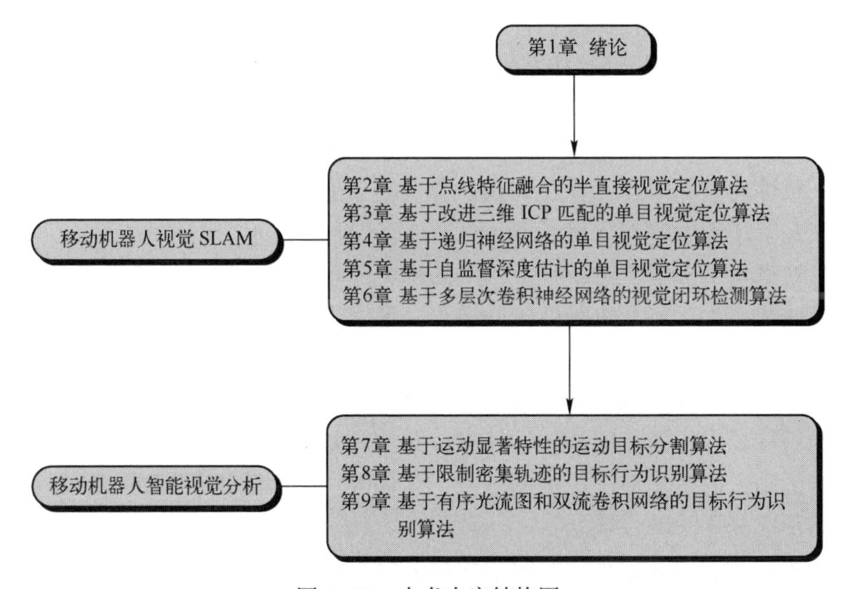

图 1-10　本书内容结构图

第 1 章绪论。分析巡检机器人的研究背景与研究意义，介绍机器人视觉 SLAM 技术和智能视觉分析技术的技术框架和研究现状。

第 2 章基于点线特征融合的半直接视觉定位算法。系统分析了基于 Fast 特征的半直接单目视觉里程计算法 SVO 的缺陷，并在此基础上提出了一种基于点线特征融合的半直接视觉定位算法。该算法通过增加线特征提取与匹配环节，提升了图像特征对场景的表征能力，通过设计一种新的位姿优化方式，减少了因光照变化而造成的特征匹配误差。

第3章基于改进三维ICP匹配的单目视觉定位算法。针对目前单目视觉定位算法对“近似纯旋转运动”鲁棒性不强的问题，提出了一种基于改进三维迭代最近点ICP匹配的单目视觉定位算法。该算法利用反深度不确定度加权、图像线特征梯度搜索与匹配等方式，提高了传统ICP算法迭代求解的实时性和准确性；通过将轮子里程计数据作为位姿迭代初始值，进一步提高了视觉定位算法的精度，增强了算法针对“近似纯旋转运动”问题的鲁棒性。

第4章基于递归神经网络的单目视觉定位算法。系统分析了基于特征点的单目视觉里程计算法存在的不足，并通过将深度学习技术应用到视觉SLAM问题，提出了一种基于递归神经网络的单目视觉定位算法。该算法首先利用深度卷积神经网络充分提取图像的特征，然后利用递归神经网络建立图像序列间的联系，从而统一约束连续多帧图像的相机位姿，并结合深度卷积神经网络和递归神经网络之间的优势，实现了相机位姿变换量的较精确估计。

第5章基于自监督深度估计的单目视觉定位算法。本章在第4章所提算法的基础上，利用卷积-反卷积结构神经网络估计图像深度的方法，进一步提出了一种基于自监督深度估计的单目视觉定位算法。该算法引入了直接法的思想来构造损失函数，有效丰富了损失函数约束，并在网络训练过程中将双目图像间的一致性误差和单目图像序列误差作为监督信号，不仅实现了自监督训练，而且恢复了场景的绝对尺度。

第6章基于多层次卷积神经网络的视觉闭环检测算法。针对传统视觉闭环检测算法依靠人工特征进行匹配的缺点，考虑到高层次的卷积特征包含较多的语义信息，而中等层次的卷积特征包含更多的几何空间信息，本章提出了一种融合多层次卷积神经网络特征的闭环检测算法。该算法充分利用提取到的中高层次卷积特征进行图像间相似性度量，并在此基础上通过提出图像动态干扰语义滤波机制，进一步对图像中的行人、车辆等动态因素进行过滤，从而有效提高了闭环检测算法的性能。

第7章基于运动显著特性的运动目标分割算法。针对移动机器人应用场景可能面对的动态背景、光照变化、运动阴影等问题，提出了一种基于运动显著图和光流向量分析的运动目标分割算法。该算法首先基于运动显著图提取运动目标的大致区域，然后利用光流向量获得运动目标和背景区域的运动边界，并结合点在多边形内部原理得到运动目标内部精确的像素点，最后以超像素为基本分割单元，通过引入置信度的概念实现最终像素一级的目标分割。

第8章基于限制密集轨迹的目标行为识别算法。为进一步实现复杂视频中已分割运动目标行为的准确描述，提出了一种基于限制密集轨迹的目标行为识别算法。在特征提取环节，首先采用扩展的人体矩形框对密集采样特征点进行筛选，然后在光流场中跟踪筛选后的特征点得到密集轨迹，最后在以密集轨迹为中心的时空体内提取时空共生特征；在特征编码环节，首先将每个特征向量分配到近邻多个单词，然后以这些单词为基向量在最小平方误差的准则下线性组合逼近对应的特征向量，最后将所得到的组合系数作为隶属度，并以隶属度作为权值在多个单词上计算局部聚合描述子向量编码。

第 9 章基于有序光流图和双流卷积网络的目标行为识别算法。为有效利用行为视频的长时时域信息，提高行为识别的准确率，进一步提出了一种结合有序光流图和双流卷积神经网络的目标行为识别算法。该算法首先利用 RankSVM 算法将连续光流序列压缩为单幅有序光流图，从而实现对视频长时时域结构的建模；然后设计了一个包含表观和短时运动流、长时运动流的双流卷积网络，并以堆叠 RGB 帧、有序光流图作为输入，分别提取视频的表观和短时运动信息、长时运动信息；最后将网络的 C3D 描述子和 VGG 描述子输入到线性 SVM 分类器，从而最终实现目标的行为识别。

参考文献

[1] Lee H, Kim S. Multi-robot task scheduling with ant colony optimization in antarctic environments [J]. Sensors, 2023, 23 (2): 751-759.

[2] 齐尧, 何滨兵, 潘世举, 等. 基于重组优化的轮式移动机器人路径处理方法 [J]. 机器人, 2023, 45 (1): 70-77.

[3] Xu L, Cao M, Song B. A new approach to smooth path planning of mobile robot based on quartic Bezier transition curve and improved PSO algorithm [J]. Neurocomputing, 2022, 481 (4): 98-106.

[4] Wang B, Nersesov S, Ashrafiuon H. Formation regulation and tracking control for nonholonomic mobile robot networks using polar coordinates [J]. IEEE Control Systems Letters, 2022, 29 (6): 1909-1914.

[5] 袁梦, 李爱华. 基于视觉导航的地下工程巡检机器人系统设计与实现 [D]. 西安: 火箭军工程大学, 2017.

[6] 李磊, 叶涛, 谭民. 移动机器人技术研究现状与未来 [J]. 机器人, 2002, 24 (5): 475-480.

[7] 王志文, 郭戈. 移动机器人导航技术现状与展望 [J]. 机器人, 2003, 25 (5): 470-474.

[8] Kato H, Tan K. Pervasive 2D barcodes for camera phone application [J]. Pervasive Computing IEEE, 2007, 6 (4): 76-85.

[9] Ali N, Rahman A, Chong J, et al. On efficient data dissemination using network coding in multi-RSU vehicular ad hoc networks [J]. IEEE Transactions on Computer, 2016, 3 (4): 45-51.

[10] 李云翀，何克忠．基于激光雷达的室外移动机器人避障与导航 [J]. 机器人，2006, 28 (3): 275-278.

[11] Fan G, Huang J, Yang D, et al. Sampling visual SLAM with a wide-angle camera for legged mobile robots [J]. IET Cyber-Systems and Robotics, 2022, 4 (4): 356-375.

[12] Hou W, Qin Z, Xi X, et al. Learning disentangled representation for self-supervised video object segmentation [J]. Neurocomputing, 2022, 481 (4): 270-280

[13] Qiu S, Zhao H, Jiang N, et al. Multi-sensor information fusion based on machine learning for real applications in human activity recognition: state-of-the-art and research challenges [J]. Information Fusion, 2022, 80: 241-265.

[14] Yadav S, Luthra A, Tiwari K, et al. ARFDNet: An efficient activity recognition & fall detection system using latent feature pooling [J]. Knowledge-Based Systems, 2022, 239: 107948.

[15] Csurka G. Visual categorization with bags of keypoints [J]. Workshop on Statistical Learning in Computer Vision, 2004, 44 (247): 1-22.

[16] Konolige K. Improved occupancy grids for map building [J]. Autonomous Robots, 1997, 4 (4): 351-367.

[17] 罗荣华，洪炳镕，厉茂海．基于局部特征预测的栅格地图创建 [J]. 哈尔滨工业大学学报，2004, 36 (7): 877-879.

[18] Liu M, Siegwart R. Topological mapping and scene recognition with lightweight color descriptors for an omnidirectional camera [J]. IEEE Transactions on Robotics, 2014, 30 (2): 310-324.

[19] Boal J, Sánchez-Miralles A, Arranz A. Topological simultaneous localization and mapping: A survey [J]. Robotica, 2014, 32 (5): 803-821.

[20] Smith R. On the representation and estimation of spatial uncertainty [J]. International Journal of Robotics Research, 1986, 5 (4): 56-68.

[21] Davison A, Reid I, Molton N, et al. MonoSLAM: Real-time single camera SLAM [J]. IEEE Transactions on Pattern Analysis and Machine Intelligence, 2007, 29 (6): 1052-1067.

[22] Klein G, Murray D. Parallel tracking and mapping for small AR workspaces [J]. International Symposium on Mixed and Augmented Reality, 2007: 1-10.

[23] Mur-Artal R, Montiel J, Tardós J. ORB-SLAM: A versatile and accurate monocular slam system [J]. IEEE Transactions on Robotics, 2015, 31 (5): 1147-1163.

[24] Mur-Artal R, Tardos J. ORB-SLAM2: An open-source SLAM system for monocular, stereo, and RGB-D cameras [J]. IEEE Transactions on Robotics, 2016, 31 (99): 1-8.

[25] Gao W, Jia J, Huang F, et al. CapsNet meets ORB: A deformation-tolerant baseline for recognizing distorted targets [J]. International Journal of Intelligent Systems, 2022, 37 (6): 3255-3296.

[26] Bay H, Tuytelaars T, Gool L. SURF: Speeded up robust features [C]. European

Conference on Computer Vision, 2006: 404-417.
[27] Lowe D. Distinctive image features from scale-invariant keypoints [J]. International Journal of Computer Vision, 2004, 60 (2): 91-110.
[28] Harris C, Stephens M. A combined comer and edge detector [C] The Alvey Vision Conference, 1988, 15: 31-50.
[29] Newcombe R, Lovegrove S. DTAM: Dense tracking and mapping in real-time [C]. IEEE International Conference on Computer Vision, 2011: 2320-2327.
[30] 刘浩敏, 章国锋, 鲍虎军. 基于单目视觉的同时定位与地图构建方法综述 [J]. 计算机辅助设计与图形学学报, 2016, 28 (6): 855-868.
[31] Engel J, Schöps T, Cremers D. LSD-SLAM: Large-scale direct monocular SLAM [C]. European Conference on Computer Vision, 2014, 8690: 834-849.
[32] Engel J, Stückler J, Cremers D. Large-scale direct SLAM with stereo cameras [C]. International Conference on Intelligent Robots and Systems, 2015: 1935-1942.
[33] Engel J, Koltun V, Cremers D. Direct sparse odometry [J]. IEEE Transactions on Pattern Analysis and Machine Intelligence, 2016, 99 (2): 1-8.
[34] Forster C, Pizzoli M, Scaramuzza D. SVO: Fast semi-direct monocular visual odometry [C]. IEEE International Conference on Robotics and Automation, 2014: 15-22.
[35] Li R, Wang S, Gu D. DeepSLAM: A robust monocular SLAM system with unsupervised deep learning [J]. IEEE Transactions on Industrial Electronics, 2021, 68 (4): 3577-3587.
[36] 赵洋, 刘国良, 田国会, 等. 基于深度学习的视觉 SLAM 综述 [J]. 机器人, 2017, 39 (6): 889-896.
[37] Yi K, Trulls E, Lepetit V, et al. LIFT: Learned invariant feature transform [C]. European Conference on Computer Vision, 2016: 467-483.
[38] Detone D, Malisiewicz T, Rabinovich A. Toward geometric deep SLAM [J]. IEEE Computer Society Conference on Computer Vision and Pattern Recognition, 2017: 1-8.
[39] Tateno K, Tombari F, Laina I, et al. CNN-SLAM: Real-time dense monocular SLAM with learned depth prediction [J]. IEEE Computer Society Conference on Computer Vision and Pattern Recognition, 2017: 6565-6574.
[40] 梁敏, 汪西莉. 结合超分辨率和域适应的遥感图像语义分割方法 [J]. 计算机学报, 2022, 45 (12): 2619-2636.
[41] 杨军, 李博赞. 基于自注意力特征融合组卷积神经网络的三维点云语义分割 [J]. 光学精密工程, 2022, 30 (7): 840-853.
[42] Konda K, Memisevic R. Learning visual odometry with a convolutional network [C]. International Conference on Computer Vision Theory and Applications, 2015: 486-490.
[43] Costante G, Mancini M, Valigi P, et al. Exploring representation learning with CNNs for frame-to-frame ego-motion estimation [J]. IEEE Robotics & Automation Letters, 2015, 1 (1): 18-25.

[44] Kendall A, Grimes M, Cipolla R. PoseNet: A convolutional network for real-time 6-DOF camera relocalization [C]. IEEE International Conference on Computer Vision, 2015: 2938-2946.
[45] Li R, Liu Q, Gui J, et al. Indoor relocalization in challenging environments with dual-stream convolutional neural networks [J]. IEEE Transactions on Automation Science & Engineering, 2017, 99: 1-12.
[46] Ummenhofer B, Zhou H, Uhrig J, et al. DeMoN: Depth and motion network for learning monocular stereo [C]. IEEE Computer Society Conference on Computer Vision and Pattern Recognition, 2016: 5622-5631.
[47] Vijayanarasimhan S, Ricco S, Schmid C, et al. SfM-Net: Learning of structure and motion from video [C]. IEEE Computer Society Conference on Computer Vision and Pattern Recognition, 2017: 1-8.
[48] Weng Y, Chen X, Chen L, et al. GAIN: Graph attention & interaction network for inductive semi-supervised learning over large-scale graphs [J]. IEEE Transactions on Knowledge and Data Engineering, 2022, 34 (9): 4257-4269.
[49] Zhou T, Brown M, Snavely N, et al. Unsupervised learning of depth and ego-motion from video [C]. IEEE Computer Society Conference on Computer Vision and Pattern Recognition, 2017: 6612-6619.
[50] 邓晨, 李宏伟, 张斌, 等. 基于深度学习的语义 SLAM 关键帧图像处理 [J]. 测绘学报, 2021, 11: 1605-1616.
[51] 阮晓钢, 郭佩远, 黄静. 动态场景下基于深度学习的语义视觉 SLAM [J]. 北京工业大学学报, 2022, 48 (1): 16-23.
[52] Fan Y, Zhang Q, Tang Y, et al. Blitz-SLAM: A semantic SLAM in dynamic environments [J]. Pattern Recognition, 2021, 121: 1-14.
[53] Li X, Belaroussi R. Semi-dense 3D semantic mapping from monocular SLAM [C]. IEEE Computer Society Conference on Computer Vision and Pattern Recognition, 2016: 1-8.
[54] Sünderhauf N, Pham T, et al. Meaningful maps with object-oriented semantic mapping [C]. International Conference on Intelligent Robots and Systems, 2017: 5079-5085.
[55] Mccormac J, Handa A, Davison A, et al. SemanticFusion: Dense 3D semantic mapping with convolutional neural networks [C]. IEEE Computer Society Conference on Computer Vision and Pattern Recognition, 2017: 4628-4635.
[56] Noh H, Hong S, Han B. Learning deconvolution network for semantic segmentation [C]. IEEE Computer Society Conference on Computer Vision and Pattern Recognition, 2015: 1520-1528.
[57] Krizhevsky A, Sutskever I, Hinton G. ImageNet classification with deep convolutional neural networks [C]. International Conference on Neural Information Processing Systems. Curran Associates Inc., 2012: 1097-1105.

[58] 张长弓，杨海涛，王晋宇，等．基于深度学习的视觉单目标跟踪综述［J］．计算机应用研究，2021，38（10）：2888-2895.

[59] Joshi K，Thakore D. A survey on moving object detection and tracking in video surveillance system［J］. International Journal of Soft Computing and Engineering，2012，2（3）：44-48.

[60] 崔智高，李爱华．基于主动相机的运动目标检测与跟踪方法研究及系统实现［D］．西安：火箭军工程大学，2014.

[61] Bouwmans T. Recent advanced statistical background modeling for foreground detection：A systematic survey［J］. Recent Patents on Computer Science，2011，4（3）：147-176.

[62] Stauffer C，Grimson W. Adaptive background mixture models for real-time tracking［C］. Proceedings of IEEE Computer Society Conference on Computer Vision and Pattern Recognition. Cambridge，MA，1999：246-252.

[63] Zivkovic Z. Improved adaptive Gaussian mixture model for background subtraction［C］. Proceedings of the 17th International Conference on Pattern Recognition. California：IEEE Computer Society Press，2004：28-31.

[64] Elgammal A，Duraiswami R，Harwood D，et al. Background and foreground modeling using nonparametric kernel density estimation for visual surveillance［C］. IEEE Electrical Electronics Engineers Inc. Press，2002：1151-1163.

[65] Kim K，Chalidabhongse T，Harwood D，et al. Background modeling and subtraction by codebook construction［C］. Proceedings of IEEE International Conference on Image Processing. New York，USA：IEEE Press，2004：3061-3064.

[66] Wang H，David S. Background subtraction based on a robust consensus method［C］. Proceedings of the 18th International Conference on Pattern Recognition，California：IEEE Computer Society，2006：223-226.

[67] Li L，Wang K. Research on automatic recognition method of basketball shooting action based on background subtraction method［J］. International Journal of Biometrics，2022，14：318-335.

[68] Maddalena L，Petrosino A. The SOBS algorithm：What are the limits［C］. Proceedings of IEEE Workshop on Change Detection. New York，USA：IEEE Press，2012：21-26.

[69] 樊玮，周末，黄睿．多尺度深度特征融合的变化检测［J］．中国图象图形学报，2020，25（4）：10-17.

[70] Barnich O，Droogenbroeck M. ViBe：A universal background subtraction algorithm for video sequences［J］. IEEE Transactions on Image Processing，2011，20（6）：1709-1724.

[71] 杨波，潘峥嵘．基于三帧差分法和改进 ViBe 算法的前景检测方法［J］．计算机与数字工程，2021，34（11）：2242-2247.

[72] Chiranjeevi P，Sengupta S. Robust detection of moving objects in video sequences through rough set theory framework［J］. Image and Vision Computing，2012，30（11）：829-842.

[73] Giveki D. Robust moving object detection based on fusing atanassov's intuitionistic 3D fuzzy histon roughness index and texture features [J]. International Journal of Approximate Reasoning, 2021, 135 (8): 1-20.

[74] Brox T, Malik J. Object segmentation by long term analysis of point trajectories [C]. European Conference on Computer Vision, 2010: 282-295.

[75] Ling S, Li J, Che Z, et al. Quality assessment of free-viewpoint videos by quantifying the elastic changes of multi-scale motion trajectories [J]. IEEE Transactions on Image Processing, 2021, 30 (11): 517-531.

[76] Sand P, Teller S. Particle video: Longe-range motion estimation using point trajectories [J]. International Journal of Computer Vision, 2008, 80 (1): 72-91.

[77] Sundaram N, Brox T, Keutzer K. Dense point trajectories by GPU-accelerated large displacement optical flow [C]. European Conference on Computer Vision, 2010: 438-451.

[78] Bian Z, Jabri A, Efros A, et al. Learning pixel trajectories with multiscale contrastive random walks [C]. IEEE Conference of Computer Vision and Pattern Recognition, 2022: 1-8.

[79] Dey S, Reilly V, Saleemi I, et al. Detection of independently moving objects in non-planar scenes via multi-frame monocular epipolar constraint [C]. European Conference on Computer Vision, 2012: 860-873.

[80] 邹云龙，杨杰．基于单目视频帧的基础矩阵鲁棒估计算法 [J]．传感器与微系统，2019，38 (10)：122-125.

[81] Ochs P, Brox T. Object segmentation in video: A hierarchical variational approach for turning point trajectories into dense regions [C]. International Conference on Computer Vision, 2011: 1583-1590.

[82] 张熠玲，杨燕，周威，等．CMvSC：知识迁移下的深度一致性多视图谱聚类网络 [J]．软件学报，2022，33 (4)：1373-1389.

[83] Sheikh Y, Javed O, Kanade T. Background subtraction for freely moving cameras [C]. International Conference on Computer Vision, 2009: 1219-1225.

[84] Elqursh A, Elgammal A. Online moving camera background subtraction [C]. European Conference on Computer Vision, 2012: 228-241.

[85] Hou W, Qin Z, Xi X, et al. Learning disentangled representation for self-supervised video object segmentation [J]. Neurocomputing, 2022, 48 (4): 270-280.

[86] Sargano A, Angelov P, Habib Z. A comprehensive review on handcrafted and learning-based action representation approaches for human activity recognition [J]. Applied Sciences, 2017, 7 (1): 110.

[87] Subetha T, Chitrakala S. A survey on human activity recognition from videos [C]. International Conference on Information Communication and Embedded Systems, 2016: 1-7.

[88] Kim S, Kim Y. Recognizing human activity using deep learning with WiFi CSI and filtering

[C]. International Conference on Artificial Intelligence in Information and Communication, 2021: 1-8.

[89] Yu N, Li J, Hua Z. LBP-based progressive feature aggregation network for low-light image enhancement [J]. IET Image Processing, 2022, 16 (2): 535-553.

[90] Satrasupalli S, Daniel E, Guntur S, et al. End to end system for hazy image classification and reconstruction based on mean channel prior using deep learning network [J]. IET Image Processing, 2021, 14 (3): 1-8.

[91] Bobick A, Davis J. The recognition of human movement using temporal templates [J]. IEEE Transactions on Pattern Analysis and Machine Intelligence, 2001, 23 (3): 257-267.

[92] Junejo I, Junejo K, Aghbari Z. Silhouette-based human action recognition using SAX-Shapes [J]. The Visual Computer, 2014, 30 (3): 259-269.

[93] Bello S, Wang C, Wambugu N, et al. FFPointNet: Local and global fused feature for 3D point clouds analysis [J]. Neurocomputing, 2021, 46 (11): 55-62.

[94] Laptev I. On space-time interest points [J]. International Journal of Computer Vision, 2005, 64 (2-3): 107-123.

[95] Klaser A, Marszałek M, Schmid C. A spatio-temporal descriptor based on 3D-gradients [C]. British Machine Vision Conference, London, UK, BMVA Press, 2008: 1-10.

[96] Laptev I, Marszalek M, Schmid C, et al. Learning realistic human actions from movies [C]. IEEE Conference on Computer Vision and Pattern Recognition, 2008: 1-8.

[97] Dollar P, Rabaud V, Cottrell G, et al. Behavior recognition via sparse spatio-temporal features [C]. Joint IEEE International Workshop on Visual Surveillance and Performance Evaluation of Tracking and Surveillance, 2006: 65-72.

[98] 郭天晓，胡庆锐，李建伟，等. 基于人体骨架特征编码的健身动作识别方法 [J]. 计算机应用，2021，37 (5): 1458-1464.

[99] Kovashka A, Grauman K. Learning a hierarchy of discriminative space-time neighborhood features for human action recognition [C]. IEEE Conference on Computer Vision and Pattern Recognition, 2010: 2046-2053.

[100] Xu W, Gan L, Huang C. A robust deep learning-based beamforming design for RIS-assisted multiuser MISO communications with practical constraints [J]. IEEE Transactions on Cognitive Communications and Networking, 2022, 8 (2): 694-706.

[101] Simonyan K, Zisserman A. Two-stream convolutional networks for action recognition in videos [C]. Advances in Neural Information Processing Systems, 2014: 568-576.

[102] Wang L, Xiong Y, Wang Z, et al. Temporal segment networks: towards good practices for deep action recognition [J]. ACM Transactions on Information Systems, 2016, 22 (1): 20-36.

[103] 牟永强，范宝杰，孙超严，等. 面向精准价格牌识别的多任务循环神经网络 [J]. 自动化学报，2022，48 (2): 608-614.

[104] Veeriah V, Zhuang N, Qi G. Differential recurrent neural networks for action recognition [C]. IEEE International Conference on Computer Vision, 2015: 4041-4049.

[105] 王改，郑启龙，邓文齐，等. 基于 BWDSP 众核的 CNN 计算任务划分优化 [J]. 计算机系统应用，2019，28 (9): 88-94.

[106] Sun L, Jia K, Yeung D, et al. Human action recognition using factorized spatio-temporal convolutional networks [C]. Proceedings of the IEEE International Conference on Computer Vision, 2015: 4597-4605.

[107] Park E, Han X, Berg T, et al. Combining multiple sources of knowledge in deep CNNs for action recognition [C]. IEEE Winter Conference on Applications of Computer Vision, 2016: 1-8.

[108] Wang L, Qiao Y, Tang X. Action recognition with trajectory-pooled deep-convolutional descriptors [C]. IEEE Conference on Computer Vision and Pattern Recognition, 2015: 4305-4314.

第2章　基于点线特征融合的半直接视觉定位算法

2.1　引　　言

如本书第1章所述，移动机器人视觉SLAM问题[1]可描述为，移动机器人在一个陌生环境中利用以视觉为主的传感器实现自身位置的估计和地图的构建，并以自身定位信息和环境信息来构造增量式地图，从而使移动机器人能够像人一样自主地在环境中移动。通常情况下，移动机器人视觉SLAM问题包括图像数据采集、视觉里程计、后端优化、闭环检测和地图构建5个环节[2]。其中，图像数据采集是指利用视觉传感器获得场景图像或视频数据；视觉里程计是指利用视觉传感器数据来估计机器人的位姿和运动轨迹；后端优化是指优化视觉里程计估计出的机器人位姿；闭环检测用于判断机器人是否经过某个先前位置，从而提高地图构建的准确性和连续性；地图构建则是指根据机器人的位姿和环境信息构建环境地图。

在上述5个环节中，视觉里程计又称为前端状态估计，它是移动机器人视觉SLAM问题的最核心部分，主要包括特征点法和直接法两类。其中，基于特征点法的视觉里程计是指利用图像中匹配的特征点来估计相机的位置和姿态，常用方法包括PTAM[3]、ORB_SLAM[4]算法等；基于直接法的视觉里程计则是指根据图像像素梯度来估计相机的位置和姿态，常用方法包括DTAM[5]、LSD_SLAM[6]、DSO算法[7]等。在很多应用场景中，往往存在室内长走廊、空房间等特征缺失的情况，导致基于特征点法的视觉里程计难以发挥较好的性能，而基于直接法的视觉里程计是基于图像灰度不变这一前提假设的，因此在实际环境中由于光照变化或帧间运动过大导致图像亮度发生改变时，该方法也很有可能失效[8]。

针对上述问题，Forster等提出了一种基于Fast特征的半直接视觉定位算法SVO[9]，该算法只对稀疏的关键点进行跟踪，然后利用关键点周围的信息对相机位姿进行估计，由于该算法未采用特征描述子匹配方式，因而使得计算速度大大提升。该算法的主要缺陷是相机初始化精度不高、关键帧选择只包含位置条件以及特征易丢失等；此外，匹配相似度函数的非凸性[10]也使得该算法误匹配的可能性增大。鉴于此，本章在 SVO 算法的基础上提出了一种点线特征融合的半直接视觉定位算法[11]，该算法在 SVO 算法的基础上增加了点线特征位姿估计、相机初始化模型选择准则、包含位置、姿态双重条件的关键帧选择准则以及重定位等环节，在两个公开数据集上的实验结果证明了该算法的有效性。

2.2 算法整体框架

本章所提基于点线特征融合的半直接视觉定位算法主要分为前端位姿估计、后端位姿优化、深度滤波器等环节。其中，前端位姿估计的核心是特征提取与匹配跟踪，同时需要考虑相机初始化、关键帧选择准则以及特征丢失时的重定位等问题；后端位姿优化主要利用同一特征出现在多帧视图上的情况，对两个关键帧和局部多个关键帧的位姿进行优化，从而得出更加准确的位姿估计结果；深度滤波器通过采用纯高斯概率分布来刻画图像特征的深度值，从而提高了三维路标深度值估计的鲁棒性。整个算法流程框图如图 2-1 所示。

2.3 算法具体实现

2.3.1 前端位姿估计

1. 特征提取

目前常用的图像特征分为点特征和线特征。其中，点特征能够有效体现图像中特征明显的区域，但是不能很好地描述环境信息；而线特征更加侧重于图像中的几何约束关系，因此二者的融合能够更好地描述环境特征信息。点线特征提取示意图如图 2-2 所示。

从图 2-2 可以看出，线特征主要集中在几何特征更显著（梯度更明显）的区域（如轮廓、边角等）；而点特征不具有明显的特征区域分布，并且仍存在很多并非真正意义上的角点，如计算机的轮廓边等，这些角点会随着相机角度的变化而消失。综合上述分析不难看出，点线特征融合的方式能够兼顾特征区域明显、特征点数目多和提取速度快等优势，从而有利于提高视觉 SLAM 系统的精度。

(1) 图像的角点通常包括图像的极值点、线段的终点、曲线曲率最大的点等。角点检测中比较经典的算法包括 Harris 角点[12]与 Fast 角点。其中，Harris

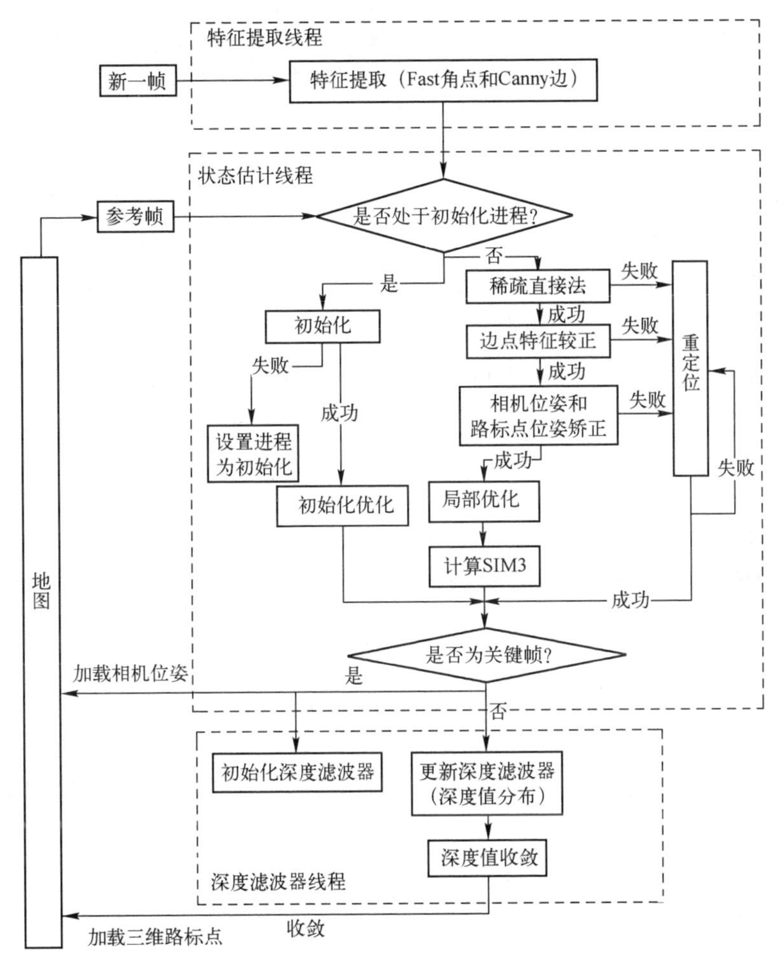

图 2-1　基于点线特征融合的半直接视觉定位算法流程图

图 2-2　点线特征提取示意图（红色为线特征，
绿色为点特征）

角点需要计算图像像素的导数，会增加检测算法的复杂度，从而降低整个视觉 SLAM 系统的实时性；相对而言，Fast 角点检测算法最明显的优势就是运算速度快。基于此，本章算法采用 Fast 角点作为点特征的提取算法。

（2）边缘检测算法通常分为一阶和二阶算法，其中 Canny 算子是最常用的边缘检测算子。Canny 算子设计了一种最优预平滑滤波器，使得边缘检测能够更好地定位，从而提供更加精确的线特征信息。基于此，本章算法采用 Canny 算子作为线特征的提取算法。需要指出的是，采用 Canny 算子提取到的线特征是一种带梯度信息的点线，而不是直线段。此外，从图 2-2 所示的特征分布密度可以看出，特征提取过程会出现特征聚集的情况，为此本章采用划分像素区域提取特征的方式，以使点线特征的分布更加均匀。

2. 匹配跟踪

（1）本章采用直接法中的特征块匹配算法进行特征匹配，特征块匹配算法匹配速度快、鲁棒性较好，并且在加入线特征后能够有效提高特征不明显区域的匹配准确性。特征块匹配算法的核心是通过极线搜索找到匹配特征块的粗略区域，然后再通过最小特征块相似度函数（采用归一化互相关函数 NCC）寻找最优的匹配位置。

（2）特征跟踪环节采用经典的稀疏直接法来估计六维相机位姿。稀疏直接法采用深度滤波器环节估计的参考帧二维点线特征以及对应三维路标的坐标来求解当前帧的位姿，其核心是最小化三维路标点在两帧之间投影像元的光度强度误差 $\boldsymbol{e}$，如下式所示：

$$\min_{\xi} E(\xi) = \|\boldsymbol{e}\|_2^2 = \sum_{i=1}^{N} \boldsymbol{e}_i^{\mathrm{T}} \boldsymbol{e}_i \tag{2-1}$$

光度误差表示为

$$\boldsymbol{e}_i = I_c\left(\frac{1}{Z_{1i}}\boldsymbol{K}\boldsymbol{P}_i\right) - I_r\left(\frac{1}{Z_{2i}}\boldsymbol{K}(\exp(\xi^{\wedge})\boldsymbol{P}_i)\right) \tag{2-2}$$

式中：I_c 和 I_r 分别表示当前帧和参考帧的光度值；Z_{1i} 和 Z_{2i} 分别表示空间三维点 $\boldsymbol{P}_i$ 在当前帧和参考帧中的深度；$\boldsymbol{K}$ 为相机内参矩阵。

式（2-1）所述优化问题可利用 L-M 算法[13]进行优化求解，从而获得相机的位置和姿态。需要指出的是，对于一些大运动位姿的估计需要加入金字塔处理方式，即对图像进行金字塔分级，把上一层的位姿估计结果作为下一层的初始值，这样可以有效提高机器人在大幅度运动造成图像模糊情况下相机位置和姿态估计的鲁棒性。

3. 相机初始化模型选择

由于单目视觉里程计没有尺度信息，因此一般采用光流法初始化相机位姿。具体初始化过程中，本章算法首先通过光流法确定参考帧与当前帧上点线特征之间的对应关系，然后利用对极几何约束求解当前帧的位姿，具体包括本质矩阵分解和单应矩阵分解[14]两种方式。本章综合考虑移动机器人应用场景为近似平面或者非平面、低视差与高视差等情况，设计了一种自动切换求解相机位姿模型的方法，该算法根据光流法跟踪前后像素强度差值的均方差来确定初始化模型，均方差越小说明跟踪前后的视差较小，因此可近似为平面模型，即采用单应矩阵分解方式估计相机位姿，反之则采用本质矩阵模型。

4. 关键帧选择

关键帧的选择有利于减少运算量，但关键帧选取过少会导致三维路标点到当前帧上的投影点减少，从而使得迭代求解精度降低。本章综合考虑平视、俯视与旋转等移动机器人应用场景，设计了基于相机位置变换差异、基于相机旋转变换差异两种关键帧选择策略，相对于现有依靠投影跟踪质量来确定关键帧的方式（如 ORB_SLAM[4]），能够有效提高算法在特征稀少场景下位姿估计的鲁棒性。

5. 重定位

在特征跟踪丢失的情况下，重定位环节能够重新估计相机的位姿。在本章算法中，我们通过放宽初始化环节的约束条件实现重新初始化，即重定位初始位姿采用位姿丢失处的位姿，该种方式虽然降低了视觉定位的精度，但是能够实现特征丢失后继续定位的功能。

2.3.2　后端位姿优化

在 2.3.1 节所述方法中，由于图像块匹配、三维点深度估计等均会存在误差，从而使相机的位姿估计不准确，因此需要进一步对估计的相机位姿进行优化。

1. 两帧之间的优化

（1）在初始化过程中，由于相机畸变参数不精确等问题会使光流法跟踪得到的特征点位姿存在偏差，从而使求解出来的相机位姿同样存在误差，因此需要进行初始化位姿优化。初始化位姿优化主要采用经典的最小化重投影误差模型，同时采用 Huber 核函数[15]抑制外点对优化结果的影响，如下式所示。

$$\xi^{*}=\arg\min_{\xi}\frac{1}{2}L_{\delta}\left(\sum_{i=1}^{n}\left\|\boldsymbol{u}_{i}-\frac{1}{s_{i}}\boldsymbol{K}\exp(\xi^{\wedge})\boldsymbol{P}_{i}\right\|_{2}^{2}\right) \tag{2-3}$$

式中：$L_{\delta}(\cdot)$代表 Huber 损失函数；$\boldsymbol{u}_i$ 为当前帧上的点线特征；s_i 代表尺度因

子；$\boldsymbol{K}$ 为相机的内参矩阵；$\boldsymbol{P}_i$ 为点线特征对应的三维路标点。式（2-3）所述优化问题通常采用 L-M 优化算法进行求解。

（2）考虑到块匹配存在误匹配以及三维路标深度估计不准等问题，需要进一步对投影的特征点位置进行优化。首先找到所有可能被当前帧观测到的三维路标点，然后将所有三维路标点对应帧上的二维像素坐标经仿射变换后投影到当前帧，最后通过优化仿射投影到当前帧的像素块位置 $\boldsymbol{u}_i$ 与当前帧上三维路标点对应的像素块位置 $\hat{\boldsymbol{u}}_i$ 之间的光度差，求取更加精确的位姿，如下式所示：

$$\hat{\boldsymbol{u}}_i = \arg\min_{\hat{\boldsymbol{u}}_i} \frac{1}{2}\sum_i \| I_c(\hat{\boldsymbol{u}}_i) - I_r(\boldsymbol{A}(\boldsymbol{u}_i)) \|_2^2 \tag{2-4}$$

求解式（2-4）所述优化问题可采用后向组合算法[16]，该算法通常只需计算一次雅可比公式，从而使计算量在一定程度上减少。计算式（2-4）对 $\nabla \boldsymbol{u}$ 的偏导数，并将其置为零，得

$$\Delta \boldsymbol{u} = \boldsymbol{H}^{-1} \sum_{\boldsymbol{u}_i} \left(\nabla I_r \cdot \frac{\partial \boldsymbol{A}}{\partial \boldsymbol{u}_i} \right) [I_c(\boldsymbol{u}_i) - I_r(\boldsymbol{A}(\boldsymbol{u}_i))] \tag{2-5}$$

$$\boldsymbol{H} = \sum_{\boldsymbol{u}_i} \left[\nabla I_r \cdot \frac{\partial \boldsymbol{A}}{\partial \boldsymbol{u}_i} \right]^{\mathrm{T}} \left[\nabla I_r \cdot \frac{\partial \boldsymbol{A}}{\partial \boldsymbol{u}_i} \right] \tag{2-6}$$

此处需要注意区分点线特征迭代更新的方向不同，即对于点特征，需要同时从 x 和 y 两个方向进行迭代更新，而对于线特征，则沿着边的方向进行迭代更新。此外，在点线特征矫正过程中会使点线特征的位置不再满足对极几何约束，因此需要对地图中的三维路标点和关键帧进行位姿矫正。

2. 局部优化与尺度漂移

局部优化是视觉里程计中常用的一种消除累计误差的方式，它通过优化具有共视关系（即共同观测到的三维路标点）关键帧的位姿来获得局部精确的关键帧位姿。单目视觉里程计中相机位姿通常包括 7 个自由度，分别是相机的旋转（包含 3 个自由度）、位移（包含 3 个自由度）、尺度（包含 1 个自由度）。

此外，由于采用多帧图像来恢复场景的深度信息会导致尺度发生漂移，因此需要计算一个从当前帧到地图关键帧的相似变换[17]，以有效消除尺度漂移问题。

2.3.3 深度滤波器

我们通常通过估计参考图像帧上点线特征对应的三维路标可能的深度范围，并利用极线约束关系确定出该特征在当前帧上的对应位置范围，也就是极

线，然后在极线上通过比较像素差异寻找出当前帧上对应的点线特征位置。通常情况下，由于特征块相似度的非凸性会使像素点深度的估计不准确，因此通常采用估计深度值分布的方式来描述深度值，具体又可分为滤波器和基于最小二乘的非线性优化两种思路进行求解。考虑到基于最小二乘的非线性优化方法虽比滤波器效果好[18]，但是其计算量相对较大，因此本章算法采用滤波器方式估计像素特征点的深度，从而提高算法的实时性。

2.4　实验结果及其分析

2.4.1　线特征与点特征性能对比实验

为了验证本章所提点线特征融合方式的有效性，设计点线特征矫正、点线特征深度估计两个对比实验。

1. 点线特征矫正性能对比实验

为了比较点线特征矫正性能差异，选取 TUM RGB-D 数据集[19]中的 fr2_xyz 集合进行实验验证。首先选取时刻 130531102. 175304 的数据作为实验对象，然后利用点线特征矫正估计出像素位置，并计算其与真实位置之间的误差。实验结果如表 2-1 所示。

表 2-1　点线特征矫正性能对比实验

实　验　一	耗时/ms	误差/像素
线特征矫正	1. 737	0. 0059
点特征矫正	1. 815	1. 2912

从表 2-1 可以看出：线特征矫正的方式相对点特征矫正的方式不仅耗时少，而且精度大幅提高，其原因主要在于线特征的梯度信息会使极线搜索更加快捷和准确，从而避免了点特征匹配过程中非线性相似度函数多极点造成误差的现象。

2. 点线特征深度估计性能对比实验

本实验同样选取 TUM RGB-D 数据集中的 fr2_xyz 集合验证点线特征深度估计的性能。首先任意选取相邻 20 帧的相机图像，并以第 1 帧的姿态和深度值作为参考帧来初始化深度滤波器，然后将剩余的相机图像作为当前帧来更新深度滤波器中的深度值，最后将估计的深度值与真实深度值进行比较。实验结果如表 2-2 所示。

表 2-2　点线特征深度估计性能对比实验

实　验　二	耗时/ms	深度点收敛数目	深度值平均误差/cm
线特征深度估计	215.33	56	18.25
点特征深度估计	277.98	286	15.89
点线特征深度估计	347.97	342	16.27

从表 2-2 可以看出：单纯的线特征深度估计方式其收敛数目最少，且深度值的平均误差也最大，因此性能也最差；而单纯的点特征深度估计准确性略优于点线特征融合的方式，说明线特征的融合并不能有效提高深度值估计的准确性，但是点线特征融合的方式有效增加了特征数目，从而有利于提高算法的鲁棒性。

2.4.2　Euroc 数据集定位精度对比实验

Euroc 数据集[20]是由无人机挂载的 VI-Sensor 记录的双目图像序列，其记录场景包括两个不同的房间和一个大型的工业环境。图 2-3 给出了 Euroc 数据集中 MH_01、MH_02 两个集合的点线特征提取结果，图 2-4 进一步给出了上述两个集合估计运行轨迹和真实运行轨迹（真实路径由 Leica MS50 激光雷达获得）的对比结果。

(a) MH_01数据集

(b) MH_02数据集

图 2-3　Euroc 数据集点线特征提取效果图

（其中红色线段为 Canny 线特征，绿色特征点为 Fast 点特征）

图 2-3

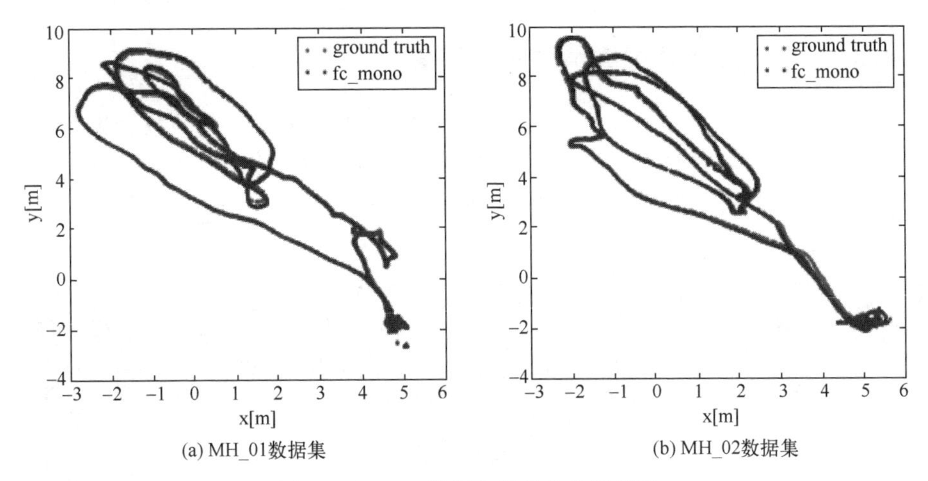

图 2-4　Euroc 数据集视觉定位效果图

为进一步评估算法的有效性，采用绝对位移误差准则 RMSE 进行定量评估，实验结果如表 2-3 所示，表中 SVO[9]、LSD_SLAM[6] 的运行结果均由原文献提供。从表 2-3 可以看出：本章所提算法（简称 fc_mono）精度在 Euroc 数据集的 4 个集合中均优于 LSD_SLAM 算法，并且平均提升了 17.6%；而相比于基于半直接法的视觉里程计算法 SVO 而言，本章所提算法在前两个集合上的运行效果略优，但在后 3 个集合上的效果则相差较大，主要原因是后 3 个集合中存在快速的相机移动，导致本章所提算法出现了特征丢失的情况，除去这部分特征丢失，本章所提算法的定位精度为 0.41m，略优于 SVO 算法。

表 2-3　Euroc 数据集定位精度定量对比实验

实验三（单目系统、RMSE/m）	fc_mono	SVO	LSD_SLAM（无闭环）
MH_01	0.16	0.17	0.18
MH_02	0.21	0.27	0.56
MH_03	1.70	0.43	2.69
MH_04	2.71	1.36	2.13
Vicon1_01	0.82	0.20	1.24

2.4.3 Tum 数据集定位精度对比实验

Tum 数据集[19]是由 Microsoft Kinect RGB-D 相机采集得到的数据集，其图像质量相对 Euroc 数据集要低。图 2-5 给出了 Tum 数据集中 fr2_desk、fr2_xyz 两个集合的点线特征提取结果，图 2-6 进一步给出了上述两个集合估计运行轨迹和真实运行轨迹的对比结果。

(a) fr2_desk数据集

(b) fr2_xyz数据集

图 2-5　Tum 数据集点线特征提取效果图

（其中红色线段为 Canny 线特征，绿色特征点为 Fast 点特征）

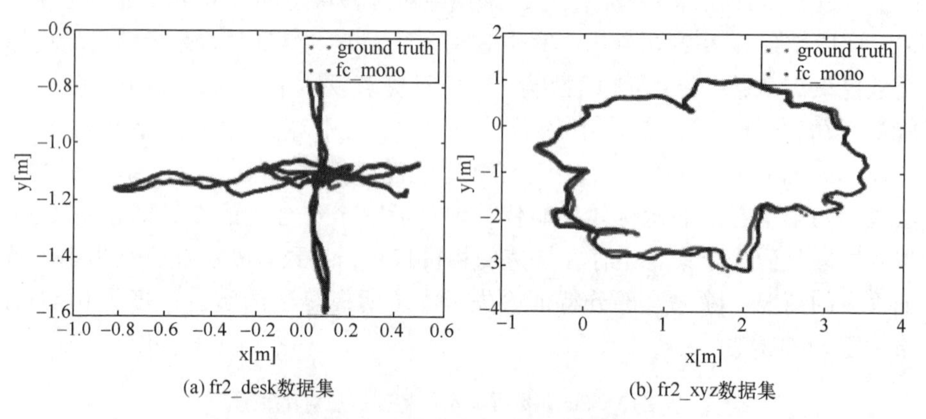

(a) fr2_desk数据集　　(b) fr2_xyz数据集

图 2-6　Tum 数据集视觉定位效果图

为进一步评估算法的有效性，同样采用绝对位移误差准则 RMSE 进行定量评估，实验结果如表 2-4 所示。从表 2-4 可以看出：LSD_SLAM 算法[6]的定位精度较为优异，其主要原因是 LSD_SLAM 算法采用了闭环检测环节，从而使得整体定位精度得到提升；而本章所提算法（简称 fc_mono）相比于 SVO[9]和 ORB_SLAM[4]算法分别提高了 6.4%和 16.5%。

表 2-4　Tum 数据集定位精度定量对比实验

实验四（单目系统、RMSE/cm）	fr2_desk	fr2_xyz
fc_mono	8.7	1.4
SVO	9.7	1.1
ORB_SLAM	9.5	2.6
LSD_SLAM	4.5	1.5

参考文献

[1] Fan G, Huang J, Yang D, et al. Sampling visual SLAM with a wide-angle camera for legged mobile robots [J]. IET Cyber-Systems and Robotics, 2022, 4 (4): 356-375.

[2] 鲍振强，李爱华. 基于深度学习的移动机器人视觉 SLAM 算法研究 [D]. 西安：火箭军工程大学，2018.

[3] Klein G, Murray D. Parallel tracking and mapping for small AR workspaces [C]. International Symposium on Mixed and Augmented Reality, 2007: 1-10.

[4] Mur-Artal R, Montiel J, Tardós J. ORB-SLAM: a versatile and accurate monocular SLAM system [J]. IEEE Transactions on Robotics, 2015, 31 (5): 1147-1163.

[5] Newcombe R, Lovegrove S. DTAM: Dense tracking and mapping in real-time [C]. IEEE International Conference on Computer Vision, 2011: 2320-2327.

[6] Engel J, Schöps T, Cremers D. LSD-SLAM: Large-scale direct monocular SLAM [C]. European Conference on Computer Vision, 2014, 8690: 834-849.

[7] Engel J, Koltun V, Cremers D. Direct sparse odometry [J]. IEEE Transactions on Pattern Analysis and Machine Intelligence, 2016, 99: 1-8.

[8] 谭涌，潘树国，高旺，等. 融合光度参数估计的单目直接法视觉里程计 [J]. 测绘工程，2021，19 (3): 59-65.

[9] Forster C, Pizzoli M, Scaramuzza D. SVO: Fast semi-direct monocular visual odometry [C]. IEEE International Conference on Robotics and Automation, 2014: 15-22.

[10] 周洁容，李海洋，凌军，等. 基于非凸复合函数的稀疏信号恢复算法 [J]. 自动化学报，2022，48 (7): 1782-1793.

[11] 袁梦，李爱华，崔智高. 点线特征融合的单目视觉里程计 [J]. 激光与光电子进展，

2018, 55 (2): 021501.

[12] Harris C, Stephens M. A combined comer and edge detector [C] The Alvey Vision Conference, 1988, 15: 31-50.

[13] Zhao J, Nguyen H, Nguyen - Thoi T, et al. Improved Levenberg - Marquardt backpropagation neural network by particle swarm and whale optimization algorithms to predict the deflection of RC beams [J]. Engineering with Computers, 2021, 38 (1): 3847-3689.

[14] Fan R, Wang H, Cai P, et al. Learning collision-free space detection from stereo images: Homography matrix brings better data augmentation [J]. IEEE/ASME Transactions on Mechatronics, 2021, 22 (7): 1-8.

[15] Huber P. Robust estimation of a location parameter [J]. The Annals of Mathematical Statistics, 1964, 35 (1): 73-101.

[16] Baker S, Matthews I. Lucas-kanade 20 years on: A unifying framework [J]. International Journal of Computer Vision, 2004, 56 (3): 221-255.

[17] 黄彬, 胡立坤, 张宇. 基于自适应权重的改进 Census 立体匹配算法 [J]. 计算机工程, 2021, 47 (5): 1-8.

[18] Cadena C, Carlone L, Carrillo H, et al. Simultaneous localization and mapping: Present, future and the robust-perception age [J]. IEEE Transactions on Robotics, 2016, 32 (6): 1-27.

[19] Sturm J, Engelhard N, Endres F, et al. A benchmark for the evaluation of RGB-D SLAM systems [C]. IEEE International Conference on Intelligent Robots and Systems, 2012: 573-580.

[20] Burri M, Nikolic J, Gohl P, et al. The EuRoC MAV datasets [J]. The International Journal of Robotics Research, 2015, 35 (10): 1157-1163.

第3章　基于改进三维 ICP 匹配的单目视觉定位算法

3.1　引　言

本书第 2 章针对特征较为稀少的应用场景，提出了一种点线特征融合的半直接视觉定位算法，实验结果表明该算法既能在特征丰富的区域实现准确的定位，又能有效适应特征较为稀少的场景条件。然而在实际应用中，巡检机器人有时会采用“近似纯旋转”的原地动作来调整位姿，此时会造成捕获图像的视差不够，进而导致无法进行有效的视觉定位。

针对“近似纯旋转”问题，无论是本书第 2 章所述的直接法[1-2]还是特征点法[3-4]，都会导致视差不够，因此无法通过三角化估计三维空间点的深度信息[5]，从而使得特征跟踪的鲁棒性降低甚至导致特征跟踪失败。近年来在 RGBD_SLAM[6]中广泛应用的就近点搜索 ICP 算法[7]，因其已知较为准确的三维坐标点而无须估计深度信息，逐渐受到了国内外学者的广泛关注，但由于该算法受限于深度相机[8-9]的应用范围和精度等原因，尚不能应用于大场景。

鉴于此，本章提出了一种基于改进三维 ICP 匹配的单目视觉定位算法[10]。该算法首先通过设计不同边缘检测算子的性能对比实验，选取了动态性能较好的 DOG 算子，然后针对传统 ICP 算法存在的收敛速度慢问题，采用线特征梯度搜索与匹配的方式，结合轮子里程计信息作为迭代初始值，有效提高了算法的鲁棒性并减少了迭代次数，最后针对相机深度估计不准确会造成姿态估计误差的问题，在 ICP 误差函数上利用反深度不确定度[11]进行加权，从而有效提高了“近似纯旋转”场景下的定位精度。

3.2　算法整体框架

本章所提基于改进三维 ICP 匹配的单目视觉定位算法主要分为图像特征提取、相机位姿跟踪和深度滤波器三个环节。其中：图像特征提取环节采用边特征描述图像的轮廓信息，由于边特征中点的描述包括有图像的二维亚像素坐标值和反深度值，因此将一系列的边特征点连接可生成边特征深度图；相机位姿跟踪环节利用改进的ICP算法优化两帧边特征深度图之间对应边点的投影距离，以获得相机位姿估计值，在此基础上融合机器人轮子编码器信息作为初始位姿迭代值，以进一步提高算法的鲁棒性并减少迭代次数；深度滤波器环节采用边特征的梯度方向进行扩展卡尔曼预测，从而实时更新深度估计值和深度不确定度，能够有效提高“近似纯旋转”场景下的定位鲁棒性。算法具体实现过程中，考虑到图像边特征的规模比较大，进行局部优化或者全局优化会比较耗时，为此地图的表示只保存前一帧的边特征深度图。此外，为了进一步提高本章所提算法的实时性，采用双线程处理方式，即图像特征提取环节单独作为一个线程，而相机位姿跟踪和深度滤波器在另一个线程工作，如图3-1所示。

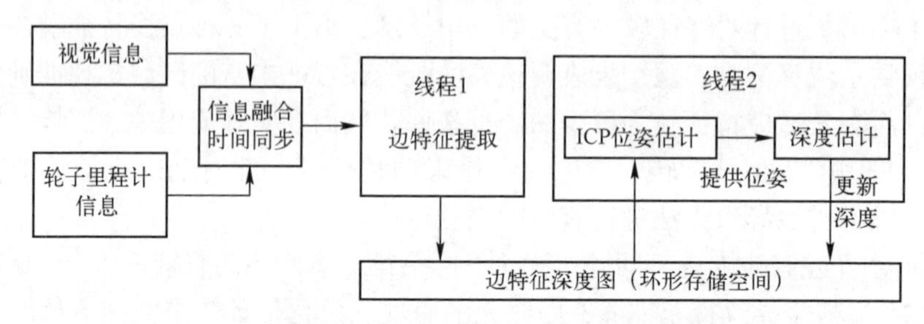

图3-1　基于改进三维ICP匹配的单目视觉定位算法流程图

3.3　算法具体实现

3.3.1　图像特征提取

图像特征提取是本章所提算法的关键环节。如本书第2章所述，图像边特征相对于点特征能够更好地描述环境的结构信息，为此本章算法图像特征提取环节采用边特征。目前图像边特征主要包括以Canny算子为代表的一阶微分算子[12]和以DOG算子为代表的二阶微分算子[13]。其中：

1. Canny算子

Canny算子是一种广泛应用的最优边缘检测算子，在二维边缘检测中发挥了重要作用，但Canny算子更侧重于边缘的精确定位，且对阈值的选取比较敏感，致使相机动态变化过程中稳定性较差，不利于后续的位姿估计[14]。

2. DOG算子

相比于一阶微分Canny算子，DOG算子提取的图像边缘比较模糊，从而使得相机动态变化过程中提取的边特征局部细节比较稳定，为此本章采用

DOG 算子进行边特征检测和提取。

图 3-2 给出了 Tum 数据集[15]中的一组对比实验结果，其中图 3-2（a）和（c）分别表示 1311868164.363181 时刻图像数据利用一阶微分 Canny 算子和二阶微分 DOG 算子的边特征提取结果，而图 3-2（b）和（d）分别表示 1311868164.663105 时刻图像数据利用一阶微分 Canny 算子和二阶微分 DOG 算子的边特征提取结果，可以看出 0.3s 内利用一阶微分 Canny 算子提取图像的左下角、右上角、桌面等细节区域均发生了较为明显的变化，而二阶微分 DOG 算子则获得了较为稳定的边特征提取结果。需要指出的是，本章所提基于改进三维 ICP 匹配的单目视觉定位算法处理的并非真正意义上的边线，而是带梯度方向和反深度参数的像素边点的集合。

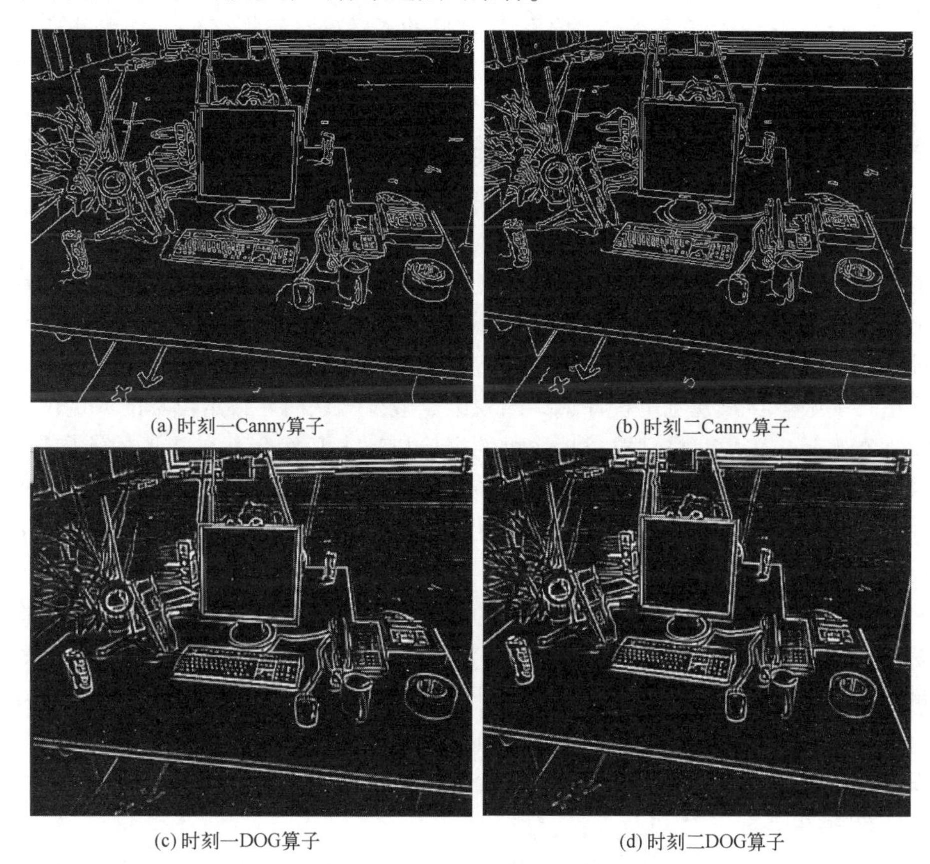

(a) 时刻一Canny算子　(b) 时刻二Canny算子

(c) 时刻一DOG算子　(d) 时刻二DOG算子

图 3-2　边特征提取效果对比

二阶微分 DOG 算子边缘特征提取和检测通常分为边缘保留滤波、增强、检测三个部分。

1. 边缘保留滤波

二阶微分 DOG 算子通常采用高斯模糊进行边缘保留滤波，但是高斯模糊滤波模板过大会使计算量增加，过小则会使边缘滤波效果变差。为解决上述问题，本章借鉴 SURF 算子[16]的实现过程，采用积分图进行快速边缘保留滤波，该种方式不依赖模板的半径，并且可以提前计算，从而有效提高了边缘特征提取和检测算法的时效性。

2. 增强

二阶微分 DOG 算子增强环节的主要目的是更好地凸显图像边缘，实际应用中需要针对具体场景调整 DOG 算子的两个高斯参数。

3. 检测

二阶微分 DOG 算子检测环节的主要目的是精确计算图像的亚像素边缘位置，以便更精确地进行位姿估计。目前亚像素边缘检测大多针对特定场景设计，并不具有通用性。在本章算法中，我们充分利用 DOG 二阶算子的优势，采用梯度方向二阶导数近似为零的方式精确计算边缘的亚像素位置。

3.3.2 相机位姿跟踪

视觉定位算法的相机位姿跟踪环节通常采用图像特征匹配和三角化等方式估计三维路标点，然后通过对极几何或者 PnP 算法求解出相机的位姿[17]，该种方式虽能有效适应大多数应用场景，但比较依赖三角化深度估计，特别是深度估计失败会导致视觉里程计追踪的三维点减少，从而导致定位不准或定位失败。在实际应用中，搭载单目摄像机的巡检机器人必然会存在“近似纯旋转”的低视差情况，此时通常无法通过三角化来估计三维空间点的深度信息，进而导致无法进行有效的视觉定位，目前针对上述三角化深度估计不适用场景下(“近似纯旋转”) 的研究相对较少。

鉴于此，本章借鉴三维点云配准的思路，采用改进三维 ICP 配准的方法求解相机位姿。传统的 ICP 算法采用迭代优化以使所有点云距离最小，该种策略虽然对噪声点的鲁棒性较好，但是因计算量较大而通常无法做到实时处理。针对传统 ICP 算法存在的不足，本章分别从搜索匹配点对、去除误匹配点、度量误差与优化三个方面进行改进，以提高算法的准确性和实时性。

1. 搜索匹配点对

传统的匹配点是指两个点云中欧氏距离最小的点，目前常用的匹配策略包括最邻近点法、投影法和基于向量间角度和颜色的兼容度量方法等[18]。本章考虑到两帧边特征深度图之间的相对位移并不大，因此采用最邻近点法搜索匹配点对，具体采用最邻近点沿梯度方向进行搜索。如图 3-3 所示，通常需要选择合适的搜索半径 r，若搜索半径 r 过小，$\boldsymbol{m}_j$ 会找不到匹配点 $\boldsymbol{n}_j$；反之若搜索半径 r 过大，则会增加存储空间和计算量。本章算法具体实现时，在提取边特征的同时缓存沿边特征方向的最邻近点，以此来提高状态估计过程中的匹配速度。

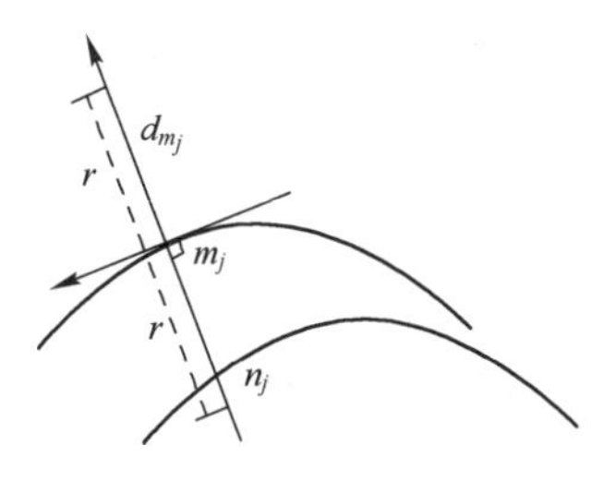

图3-3　匹配点对搜索策略

2. 去除误匹配点

在二阶微分DOG算子边缘提取过程中，参数选择不合适或者出现噪声，都会使非边缘区域得到增强而被误提取为边特征，为此需要利用边特征的性质去除误匹配点。

（1）由于互相匹配的两帧边特征深度图之间的相对位移通常不大，匹配点对的梯度方向应该相似，为此引入梯度方向约束。梯度方向约束采用匹配点对之间梯度的点积大于某一阈值的方式。需要指出的是，梯度方向约束并不是直接将匹配点和目标点之间的梯度作点积，而是需要将匹配点的梯度坐标转换到边特征深度图坐标上，如下式所示：

$$C(\boldsymbol{d}_{ni},\boldsymbol{d}_{oi})=(\exp(\boldsymbol{\xi}_R^{\wedge})\cdot\boldsymbol{d}_{ni})\cdot\boldsymbol{d}_{oi} \tag{3-1}$$

式中：$\boldsymbol{d}_{ni}$ 和 $\boldsymbol{d}_{oi}$ 表示三维匹配点对的梯度（z 坐标固定为1）；$\boldsymbol{\xi}_R^{\wedge}$ 表示相机的旋转矩阵。

（2）在传统三维ICP配准算法迭代过程中，匹配点与目标点之间的欧氏距离会越来越小，因此保持固定的匹配距离约束会失效。为了在每次迭代过程中都能剔除一部分欧氏距离过大的匹配点对，本章提出了一种动态阈值的匹配距离约束准则，在该约束准则中，匹配距离大于最大值 D_m 的匹配点对将被去除，以提高算法的鲁棒性，具体如下式所示：

$$D_m^k=\mu^{k-1}+\lambda\sigma^{k-1} \tag{3-2}$$

式中：μ 和 σ 分别代表欧氏距离的均值和标准差；k 表示迭代次数；λ 一般取3。

3. 度量误差与优化

传统三维ICP配准算法使用点到点的欧氏距离作为误差度量函数[19]，该种方式会导致算法收敛缓慢。本章算法考虑到边特征具有良好的梯度信息，因此采用边点（一个像素）到边距离最短的优化方式估计相机位姿，以进一步提高算法的收敛速度。如图 3-4 所示，$\boldsymbol{d}_{m_j}$ 和 $\boldsymbol{l}_{m_j}$ 分别表示新边特征深度图上 $\boldsymbol{m}_j$ 坐标处的梯度方向和边缘方向，$\boldsymbol{m}_j$ 与 $\boldsymbol{n}_j$ 为匹配点对，$\boldsymbol{n}_j$ 为旧边特征深度图上的二维坐标，则 $\boldsymbol{n}_j$ 到边缘线的距离定义为

$$D_j=\frac{\|(\boldsymbol{\pi}^{-1}(\exp(\boldsymbol{\xi}_j^{\wedge})\cdot\boldsymbol{\pi}(\boldsymbol{n}_j,\rho_j))-\boldsymbol{m}_j)\cdot\boldsymbol{l}_{m_j}\|^2}{\|\boldsymbol{l}_{m_j}\|^2}\tag{3-3}$$

式中：ρ_j 为 $\boldsymbol{n}_j$ 处的反深度值；$\boldsymbol{\xi}_j^{\wedge}$ 为以旧边特征深度图为参考系的相机位姿；$\boldsymbol{\pi}(\cdot)$ 和 $\boldsymbol{\pi}^{-1}(\cdot)$ 分别表示二维像素坐标到三维空间齐次坐标的投影和反投影。

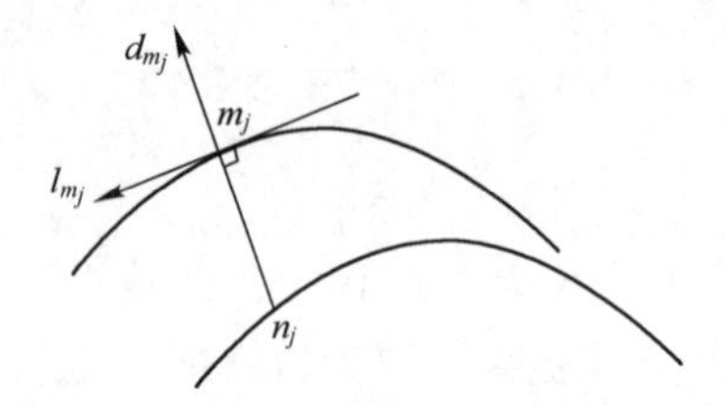

图 3-4　误差度量方式

由于图像分辨率、特征定位误差等原因导致深度估计误差是非线性的，因此三维点云的误差分布并不完全符合正态分布[20]。基于此，本章算法采用反深度不确定度对误差度量函数进行加权，如下式所示：

$$E=\arg\min_{\xi_{RT}}\frac{\lambda}{\sigma^2}\frac{\|(\boldsymbol{\pi}^{-1}(\exp(\boldsymbol{\xi}_j^{\wedge})\cdot\boldsymbol{\pi}(\boldsymbol{n}_j,\rho_j))-\boldsymbol{m}_j)\cdot\boldsymbol{l}_{m_j}\|^2}{\|\boldsymbol{l}_{m_j}\|^2}\tag{3-4}$$

式中：λ 为调节因子；σ^2 为反深度的不确定度。简便起见，可认为边点的二维位置误差最小值就是二维投影到边梯度方向位置误差的最小值。

令 $\varepsilon(\boldsymbol{\xi}_j^{\wedge})=\boldsymbol{\pi}^{-1}(\exp(\boldsymbol{\xi}_j^{\wedge})\cdot\boldsymbol{\pi}(\boldsymbol{n}_j,\rho_j))-\boldsymbol{m}_j$，则可求解误差 $\varepsilon(\boldsymbol{\xi}_j^{\wedge})$ 对相机位姿 $\boldsymbol{\xi}_j^{\wedge}$ 的导数，如下式所示：

$$\begin{aligned}\varepsilon(\boldsymbol{\xi}_j^{\wedge}\oplus\Delta\boldsymbol{\xi})&=\boldsymbol{\pi}^{-1}(\exp(\Delta\boldsymbol{\xi})\cdot\exp(\boldsymbol{\xi}_j^{\wedge})\cdot\boldsymbol{\pi}(\boldsymbol{n}_j,\rho_j))-\boldsymbol{m}_j\\&\approx\boldsymbol{\pi}^{-1}(\exp(\boldsymbol{\xi}_j^{\wedge})\cdot\boldsymbol{\pi}(\boldsymbol{n}_j,\rho_j)+\Delta\boldsymbol{\xi}\cdot\exp(\boldsymbol{\xi}_j^{\wedge})\cdot\boldsymbol{\pi}(\boldsymbol{n}_j,\rho_j))-\boldsymbol{m}_j\end{aligned}\tag{3-5}$$

令 $\boldsymbol{p}=\Delta\boldsymbol{\xi}\cdot\exp(\boldsymbol{\xi}_j^{\wedge})\cdot\boldsymbol{\pi}(\boldsymbol{n}_j,\rho_j)$，得

$$\varepsilon(\boldsymbol{\xi}_j^{\wedge}\oplus\Delta\boldsymbol{\xi})=\varepsilon(\boldsymbol{\xi}_j^{\wedge})+\frac{\partial\boldsymbol{\pi}^{-1}(\boldsymbol{p})}{\partial\boldsymbol{p}}\cdot\frac{\partial\boldsymbol{p}}{\partial\Delta\boldsymbol{\xi}}\cdot\partial\Delta\boldsymbol{\xi}\tag{3-6}$$

式中：$\partial\boldsymbol{\pi}^{-1}(\boldsymbol{p})/\partial\boldsymbol{p}$ 表示新边点位置处反投影函数的导数，可通过相机模型预先得到；$\partial\boldsymbol{p}/\partial\Delta\boldsymbol{\xi}$ 表示变换后的三维点对变换的导数，满足

$$\frac{\partial \boldsymbol{p}}{\partial \Delta \boldsymbol{\xi}} = [\boldsymbol{I}, -\boldsymbol{p}^{\wedge}] \tag{3-7}$$

根据上述公式可进一步得到雅可比矩阵[21]：

$$\boldsymbol{J} = \frac{\partial \boldsymbol{\pi}^{-1}(\boldsymbol{p})}{\partial \boldsymbol{p}} \cdot \frac{\partial \boldsymbol{p}}{\partial \Delta \boldsymbol{\xi}} \tag{3-8}$$

上述最小二乘问题可采用 L-M 算法[22]进行迭代优化求解。

3.3.3　深度滤波器

传统的深度估计通常采用匹配特征点三角化的方式，但该方式在“近似纯旋转”低视差运动的情况下会失效。为解决上述问题，本章借鉴基于滤波方法对深度进行估计的思路[23]，采用标准的扩展卡尔曼深度滤波器对深度进行估计。

如图 3-5 所示，$\boldsymbol{p}_{oj}$和$\boldsymbol{p}_{oi}$表示旧边特征深度图中的两个边点，与之相对应的新边特征深度图中的匹配边点分别为$\boldsymbol{p}_{nj}$和$\boldsymbol{p}_{ni}$，$\boldsymbol{q}_{j_\text{update}}$和$\boldsymbol{q}_{i_\text{update}}$表示经过扩展卡尔曼滤波器深度更新后的三维路标点。在“近似纯旋转”低视差运动情况下，真实三维点$\boldsymbol{q}_{j_\text{truth}}$在相机平面上没有投影，因此按照传统三角化方法是无法恢复出三维路标点的，但是不准确的初始化深度点却可以投影到相机平面p'_{nj}位置处，且不准确的三维路标点仍能实现位姿跟踪。当相机的光心进一步运行到 O_3 位置（视角增大）时，可通过扩展卡尔曼滤波器进行深度更新，从而得到更加准确的深度值。需要指出的是，刚开始不准确的深度估计对跟踪精度的影响并不大，随着位移分量的增加，深度估计值会逐渐准确，并且融合里程计信息可进一步提高算法对“近似纯旋转”低视差场景下视觉定位估计的鲁棒性。

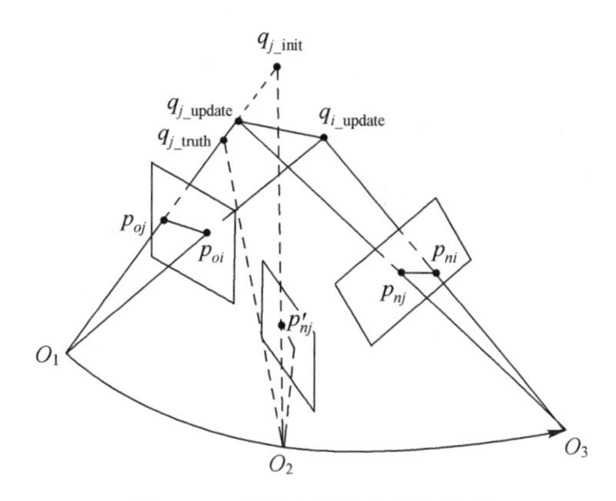

图 3-5　深度估计原理示意图

具体地，扩展卡尔曼滤波器深度观测过程可通过估计出的旋转平移矩阵进行计算，如下式所示：

$$\frac{1}{\rho_{update}}=\exp(\boldsymbol{\xi}_{o\_n\_RT}^{\wedge})\boldsymbol{\pi}(\boldsymbol{p}_o,\rho_o)\mid_z+\omega \tag{3-9}$$

$$w\sim N\left(0,\left(\frac{\rho_{update}}{t_z}\right)^2\right) \tag{3-10}$$

式中：$\boldsymbol{\xi}_{o_n_RT}^{\wedge}$表示旧边特征深度图到新边特征深度图之间的旋转平移矩阵；ω 表示观测高斯残差；t_z 表示估计的平移向量在相机坐标系中 z 轴方向的分量。

通常情况下相邻两帧之间的旋转很小可忽略，此时可利用估计的相机平移向量反投影到像素位移与真实像素位移之间的差异来构造运动方程。为了充分考虑匹配像素点之间像素梯度的差异，将边点的像素位移投影到像素梯度方向，如下式所示：

$$\begin{bmatrix} p_{nx}-p_{ox} \\ p_{ny}-p_{oy} \end{bmatrix}\cdot\boldsymbol{m}=\rho_{update}\left(\begin{bmatrix} f_x t_x-p_{ox}t_z \\ f_x t_y-p_{ox}t_y \end{bmatrix}\cdot\boldsymbol{m}\right)+\delta \tag{3-11}$$

$$\boldsymbol{\delta}\sim N(0,(\rho_{update}\cdot t_z)^4) \tag{3-12}$$

式中：$\boldsymbol{\delta}$ 表示更新高斯残差。

3.4 实验结果及其分析

为了验证本章所提基于改进三维 ICP 匹配的单目视觉定位算法的准确性和鲁棒性，特设计三个不同场景下的实验进行验证。

3.4.1 The MIT Dataset 数据集定位精度对比实验

首先采用 The MIT Dataset[24] 中的 2012-01-27-07-37 数据集验证本章所提算法的视觉定位准确性，该数据集由 Willow Garage PR2 机器人采集得到，且拍摄场景处于特征较为丰富的室内，运动相对简单，基本没有快速或“近似纯旋转”运动情况发生，便于本章算法与目前优秀的视觉定位算法进行比较。此外，该数据集通常包含两层室内情况，为了更好地进行算法对比实验，在处理过程中去掉机器人进出电梯的过程，并将其分成楼层一和楼层二两部分分别进行实验。图 3-6 给出了机器人在运行过程中拍摄图像的边特征提取结果图。

为了充分验证本章所提算法（简称为 ICP_SLAM）视觉定位的准确性，将其与 ORB_SLAM[3]、SVO 算法[25]进行对比实验，实验结果如图 3-7 和表 3-1

(a) 机器人运动过程拍摄原图像

(b) 实时边特征提取结果示例

图 3-6　The MIT Dataset 数据集边特征提取结果示意图

所示。实验结果表明：在该数据集下 ORB_SLAM 算法的定位精度相对较高，开源版本 SVO 算法的定位精度最低，而本章所提算法的定位精度虽略低于 ORB_SLAM 算法，但是相比于开源版本的 SVO 算法却提高了 17%，也就是说，虽然本章所提算法的定位精度在 The MIT Dataset 数据集中并不具有太多优势，但由于该数据集基本没有“近似纯旋转”运动的情况，因此可以验证本章所提算法在一些常规运动场景下的定位效果。

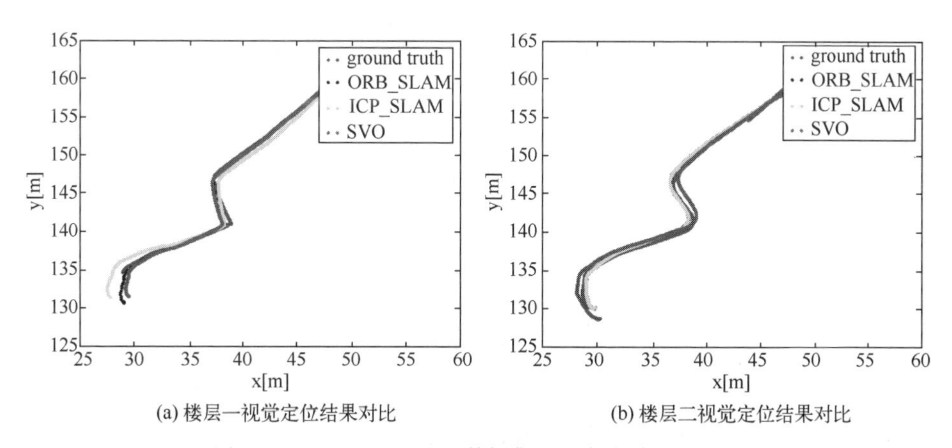

(a) 楼层一视觉定位结果对比　　(b) 楼层二视觉定位结果对比

图 3-7　The MIT Dataset 数据集视觉定位效果对比图

表 3-1　The MIT Dataset 数据集视觉定位精度对比表

实验一（绝对位移误差）	楼层一/m	楼层二/m
ORB_SLAM	0.62	1.16
ICP_SLAM	0.63	1.25
SVO	0.83	1.32

需要指出的是，对于开源的 ORB_SLAM 和 SVO 算法并不能直接运行这个数据集，需要对 ORB_SLAM 和 SVO 算法的参数进行调整，具体如表 3-2 和表 3-3 所示。

表 3-2　ORB_SLAM 算法参数设置表

ORBextractor. nFeatures	1500	ORBextractor. iniThFAST	20
ORBextractor. scaleFactor	1.2	ORBextractor. minThFAST	7
ORBextractor. nLevels	4		

表 3-3　SVO 算法参数设置表

n_pyr_levels	3	klt_max_level	4	loba_num_iter	10
use_imu	false	klt_min_level	2	kfselect_mindist	0.12
core_n_kfs	3	reproj_thresh	2.0	subpix_n_iter	10
map_scale	1.0	poseoptim_thresh	2.0	max_fts	200
grid_size	10	poseoptim_num_iter	10	quality_min_fts	10
init_min_disparity	20.0	structureoptim_max_pts	20	quality_max_drop_fts	100
init_min_tracked	50	structureoptim_num_iter	5	sfba_n_edge_final	<5
init_min_inliers	40	loba_thresh	2.0	img_align_n_tracked	>10

3.4.2　rgb_pioneer_360 数据集定位精度对比实验

为了验证本章所提算法在室内“近似纯旋转”运动场景下的视觉定位有效性，采用加载 Kinect 相机的 Pioneer 机器人采集的 rgb_pioneer_360 数据集[15]进行实验验证，实验结果如图 3-8 和表 3-4 所示。需要指出的是，该数据集存在大量的“近似纯旋转”运动过程，一般的纯视觉定位算法（例如 3.4.1 节所述的 ORB_SLAM 和 SVO 算法）是无法运行的。

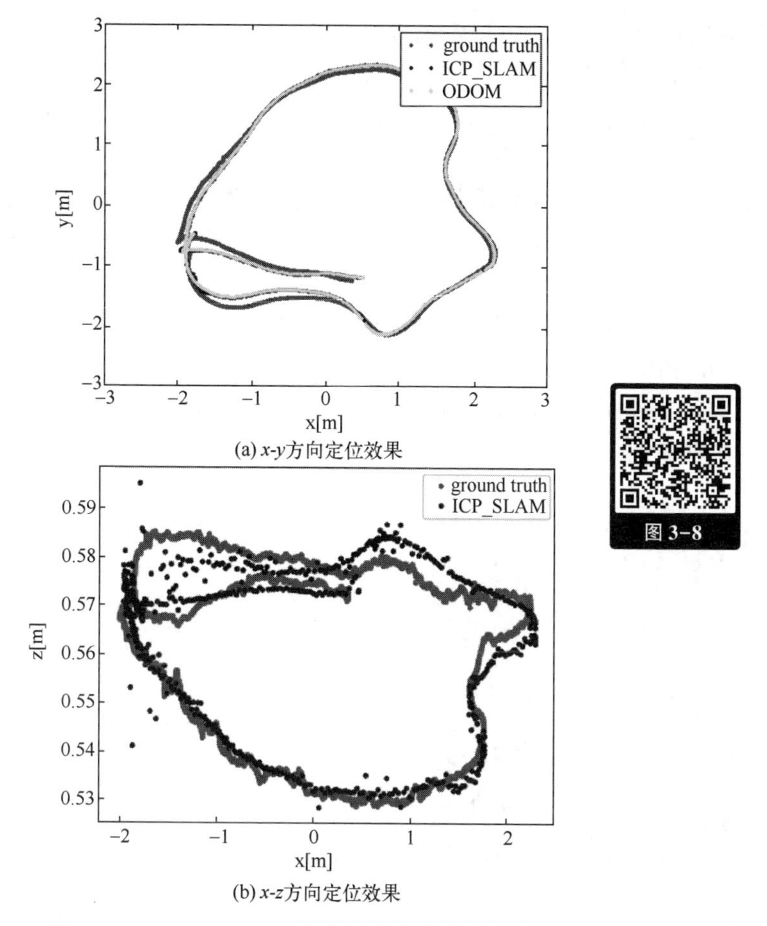

(a) *x-y*方向定位效果

(b) *x-z*方向定位效果

图 3-8　rgb_pioneer_360 数据集视觉定位结果图

表 3-4　rgb_pioneer_360 数据集视觉定位精度表

实验二（绝对位移误差）	freiburg_pioneer_360/cm
ICP_SLAM	14.4
ODOM	14.8

从表 3-4 可以看出：相比于纯轮子里程计（表 3-4 中 ODOM）而言，本章所提算法在室内场景下的定位精度并没有很大提升，主要原因是机器人运行范围较小，里程计数据相对较为准确；但从图 3-8（b）可以看出，本章所提算法能够有效补偿机器人位姿中 z 轴方向上的抖动位移，从而提高地面不平整或者上下坡情况下的定位精度。

从整体运行效果来看，本章所提算法能够有效提高在“近似纯旋转”情况下的视觉定位鲁棒性，总运行距离大概为 22m，定位误差为 0.6%，能够满足巡检机器人的实际需求。

3.4.3 NCLT 数据集定位精度对比实验

室外大场景也是视觉定位面临的一大挑战，特别是一些快速运动和大旋转的情况，为此进一步选择 University of Michigan North Campus Long-Term Vision and Lidar Dataset[26] 中的 2013-01-10 数据集（简称为 NCLT 数据集）验证本章所提算法在室外“近似纯旋转”运动场景下的视觉定位有效性。该数据集由 Segway robotic 机器人平台采集获得，主要包含视觉和里程计信息，实验结果如图 3-9 和表 3-5 所示。需要指出的是，该数据集由于在转角处存在较大的旋转，因此 ORB_SLAM 和 SVO 算法基本无法在该数据集上运行。

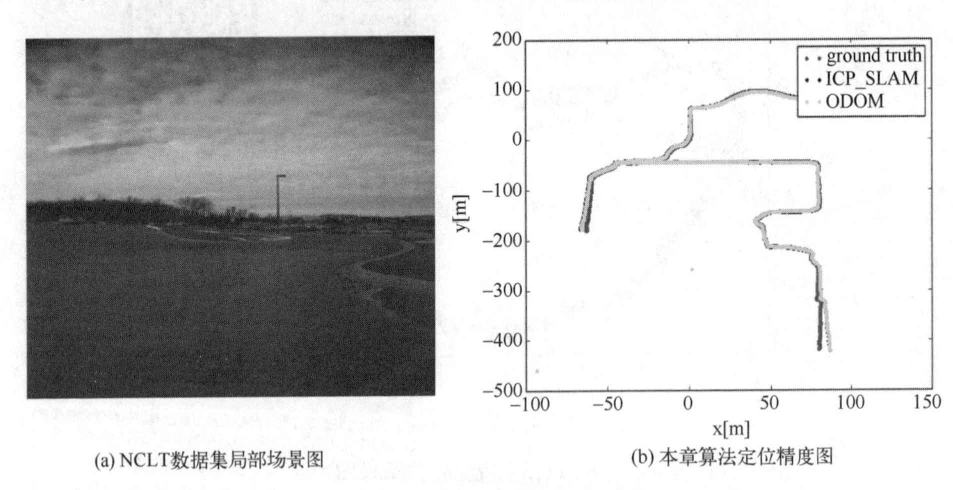

(a) NCLT数据集局部场景图　(b) 本章算法定位精度图

图 3-9　NCLT 数据集视觉定位结果图

表 3-5　NCLT 数据集视觉定位精度表

实验三（绝对位移误差）	freiburg_pioneer_360 /m
ICP_SLAM	7.104
ODOM	14.867

从表 3-5 可以看出：相比于纯里程计视觉定位的方式，本章所提算法不仅定位精度有一定的提升，而且能够有效应对“近似纯旋转”的情况，提高了大场景下视觉定位算法的鲁棒性和准确性。

参考文献

[1] Newcombe R，Lovegrove S. DTAM：Dense tracking and mapping in real-time［C］. IEEE International Conference on Computer Vision，2011：2320-2327.

[2] Engel J，Schöps T，Cremers D. LSD-SLAM：Large-scale direct monocular SLAM［C］. European Conference on Computer Vision，2014：834-849.

[3] Mur-Artal R，Montiel J，Tardós J. ORB-SLAM：A versatile and accurate monocular SLAM system［J］. IEEE Transactions on Robotics，2015，31（5）：1147-1163.

[4] Klein G，Murray D. Parallel tracking and mapping for small AR workspaces［C］. International Symposium on Mixed and Augmented Reality，2007：1-10.

[5] 刘浩敏，章国锋，鲍虎军．基于单目视觉的同时定位与地图构建方法综述［J］. 计算机辅助设计与图形学学报，2016，28（6）：855-866.

[6] 牛珉玉，黄宜庆．基于动态耦合与空间数据关联的 RGB-D SLAM 算法［J］. 机器人，2022，44（3）：368-384.

[7] Kerl C，Sturm J，Cremers D. Dense visual SLAM for RGB-D cameras［C］. Proceedings of the International Conference on Intelligent Robot Systems，Piscataway，USA：IEEE，2013：2100-2106.

[8] Zhu Y，Jin R，Lou T，et al. PLD-VINS：RGB-D visual-inertial SLAM with point and line features［J］. Aerospace science and technology，2021，119（11）：107185. 1-107185. 19.

[9] 张福斌，林家昀．深度相机与微机电惯性测量单元松组合导航算法［J］. 兵工学报，2021，42（1）：159-166.

[10] 袁梦，李爱华，崔智高．基于改进的 3 维 ICP 匹配的单目视觉里程计［J］. 机器人，2018，40（1）：56-63.

[11] Tarrio J，Pedre S. Realtime edge-based visual odometry for a monocular camera［C］. Proceedings of the IEEE International Conference on Computer Vision，2016：702-710.

[12] Canny J. A computational approach to edge detection［J］. IEEE Transactions on Pattern Analysis and Machine Intelligence，1986，8（6）：679-698.

[13] Marr D，Hildreth E. Theory of edge detection［J］. Proceedings of the Royal Society of London B：Biological Sciences，1980，207（1167）：187-217.

[14] 陈海永，李龙腾，陈鹏，等．复杂场景点云数据的 6D 位姿估计深度学习网络［J］. 电子与信息学报，2022，44（5）：1591-1601.

[15] Sturm J，Engelhard N，Endres F，et al. A benchmark for the evaluation of RGB-D SLAM systems［C］. IEEE International Conference on Intelligent Robots and Systems，2012：

573-580.

[16] Bay H, Tuytelaars T, Gool L. SURF: Speeded up robust features [C]. European Conference on Computer Vision, 2006: 404-417.

[17] Cadena C, Carlone L, Carrillo H, et al. Simultaneous localization and mapping: Present, future and the robust-perception age [J]. IEEE Transactions on Robotics, 2016, 32 (6): 1-27.

[18] Rusinkiewicz S, Levoy M. Efficient variants of the ICP algorithm [C]. International Conference on 3D Digital Imaging and Modeling, 2001: 145-152.

[19] Besl P, Mckay N. A method for registration of 3D shape [J]. IEEE Transactions on Pattern Analysis and Machine Intelligence, 1992, 14 (2): 239-256.

[20] Li R, Wang S, Gu D. DeepSLAM: A robust monocular SLAM system with unsupervised deep learning [J]. IEEE Transactions on Industrial Electronics, 2021, 68 (4): 3577-3587.

[21] 刘毅，马小腾，丰宗强，等. 基于刚度预测-神经网络的调姿平台误差补偿 [J]. 光学精密工程，2022，30 (24)：3139-3158.

[22] Zhao J, Nguyen H, Nguyen - Thoi T, et al. Improved Levenberg - Marquardt backpropagation neural network by particle swarm and whale optimization algorithms to predict the deflection of RC beams [J]. Engineering with Computers, 2022, 38 (1): 3847-3869. 1-23.

[23] Davison A, Reid I, Molton N, et al. MonoSLAM: Realtime single camera SLAM [J]. IEEE Transactions on Pattern Analysis and Machine Intelligence, 2007, 29 (6): 1052-1067.

[24] Fallon M, Johannsson H, Kaess M, et al. The MIT stata center dataset [J]. International Journal of Robotics Research, 2013, 32 (14): 1695-1699.

[25] Forster C, Pizzoli M, Scaramuzza D. SVO: Fast semi-direct monocular visual odometry [C]. IEEE International Conference on Robotics and Automation, 2014: 15-22.

[26] Carlevaris-Bianco N, Ushani A, Eustice R. University of michigan north campus long-term vision and lidar dataset [J]. International Journal of Robotics Research, 2015, 35 (9): 1023-1035.

第4章　基于递归神经网络的单目视觉定位算法

4.1 引　　言

本书第2章和第3章提出了两种视觉定位算法，两种算法在精度与鲁棒性方面都取得了不错的效果，实际应用中需要根据不同的应用环境和条件来进行选择。需要指出的是，本质上本书第2章和第3章所提算法均属于特征点法[1]、直接法[2]和半直接法[3]等传统方法，这些传统方法均存在一些致命的缺点，例如：在特征缺失、图像模糊等情况下特征提取与匹配效果会很不理想，并且特征提取与匹配的计算量往往非常巨大，从而导致难以实现实时定位；此外对于单目视觉里程计而言，通常还需要一些额外的信息（如相机高度）或先验信息来估计场景的尺度，否则将会造成极大的尺度漂移。

近年来，深度学习技术取得了蓬勃发展，并已经成功应用于很多计算机视觉问题中，比如图像分类[4-5]、深度估计[6-8]、物体检测[9-13]与语义分割[14-15]等，受此启发，部分学者将深度学习技术应用到移动机器人视觉定位问题中，实现了端到端的相机位姿估计[16-17]，或者利用深度神经网络取代传统视觉SLAM系统中的某个或某些模块[18-19]。然而，目前多数基于深度学习的视觉定位算法采用深度卷积神经网络（Convolutional Neural Network，CNN），而对于视觉里程计而言，通常需要学习到足够的几何结构特征和图像间的时序信息才能实现精准的位姿估计，这也正是深度卷积神经网络所欠缺的。相比于卷积神经网络，递归神经网络（Recurrent Neural Network，RNN）利用反馈机制和记忆功能，非常适于处理输入数据动态相关、时间上连续等问题，并已经成功应用于自然语言处理等序列处理问题上[20-21]。而在视觉里程计任务中，由于相机位姿一直是在动态变化的，当前帧的位姿必然与历史帧的位姿信息紧密相连，所以将递归神经网络应用于位姿估计问题将取得更好的效果。

综合上述分析，本章提出了一种基于递归神经网络的单目视觉定位算法[22]，该算法分为卷积神经网络和递归神经网络两部分，其中卷积神经网络主要用于提取图像的特征，而递归神经网络则用于建立图像序列之间的联系，因此结合二者的优势可实现相机位姿的精确估计。

4.2　算法整体框架

本章所提视觉定位算法由卷积神经网络和递归神经网络两部分串接组成，其总体流程图如图 4-1 所示。首先将左目和右目图像序列输入卷积神经网络，以学习高层次的卷积网络特征，然后将提取的卷积网络特征传递给递归神经网络进行动态建模，从而结合二者的优势完成视觉里程计任务。递归神经网络采用两层长短时记忆网络（Long Short-Term Memory，LSTM）[23]级联组成，每层 LSTM 含有 1000 个隐藏单元，且第一层 LSTM 的输出隐藏状态为第二层 LSTM 的输入。LSTM 是一种特殊的递归神经网络，其特有的记忆门和单元设计，使其可以获得长期的信息依赖并解决梯度消失问题，从而广泛应用于很多图像序列处理问题[24]。

需要指出的是，算法实现过程中每次需将数据集中连续的多帧图像输入到图 4-1 所示网络中，并将其中一帧作为当前帧，而其他帧作为相邻帧，从而使得算法可以更好地学习各图像帧之间的时序关系，有效解决视觉里程计的动态相关问题。此外，在将图像序列输入图 4-1 所示网络之前，对于图像序列中的每两帧图像（当前帧和相邻帧），首先将其组合成通道数为 6 的张量数据，然后将其输入网络进行处理。

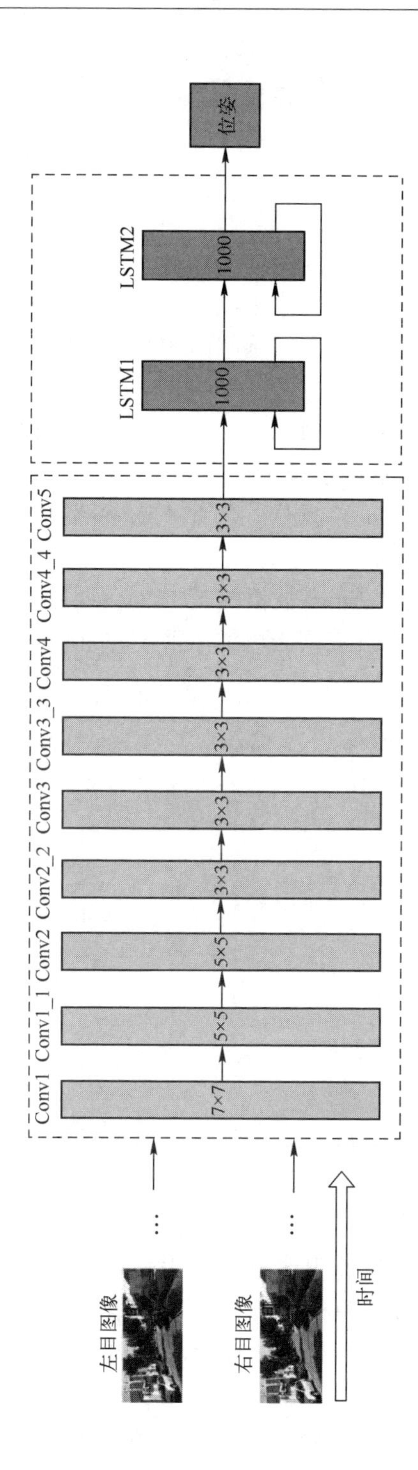

图 4-1　基于递归神经网络的单目视觉定位算法流程图

4.3 算法具体实现

4.3.1 卷积神经网络设计

如图 4-1 所示，本章算法设计的深度卷积神经网络共有 9 个卷积层，除了最后一层外，每个卷积层都连接一个 ReLU（Rectified Linear Unit）激活函数。相比于 Sigmoid、Tanh 等激活函数，使用 ReLU 激活函数可在增加网络非线性的同时提高计算速度。

本章设计的卷积神经网络结构如表 4-1 所示。为提取不同大小的特征，卷积核第一层大小设为 7×7，后两层设为 5×5，其余卷积层则设为 3×3，所有的卷积层都引入了填充（padding）操作，因此不影响图像在特征提取前后的大小。此外，为了获取种类更加丰富的特征，随着网络的加深，算法不断增加卷积核的个数，最终将特征图的通道数倍增至 1024，同时将特征图的大小逐渐减小至 13×4，即设计的卷积神经网络更加注重显著的宏观特征。

表 4-1　本章算法卷积神经网络结构表

Layers	Kernel Size	Padding	Stride	Feature maps	Input
conv1	7×7	3	2	32	image
conv1_1	5×5	2	1	64	conv1
conv2	5×5	2	2	128	conv1_1
conv2_2	3×3	1	1	256	conv2
conv3	3×3	1	2	256	conv2_2
conv3_3	3×3	1	1	512	conv3
conv4	3×3	1	2	512	conv3_3
conv4_4	**3×3**	**1**	**1**	**512**	**conv4**
conv5	3×3	1	2	1024	conv4_4

4.3.2 递归神经网络设计

递归神经网络层串接在深度卷积神经网络层之后，在本章算法中用于对卷积层学习到的序列特征进行动态建模，从而利用时间的先后关系以及几何关系实现相机位姿变换量的精确估计。如 4.2 节所述，LSTM 可以很好地学习连续多帧图像之间的序列特征，并对短序列图像之间的几何关系进行约束，因此本章算法采用两个 LSTM 层串接组成递归神经网络，每个 LSTM 层包括 1000 个隐藏单元，激活函数则采用其默认的双曲正切函数 Tanh。图 4-2 给出了封装和展开的 LSTM 内部结构图[25]。

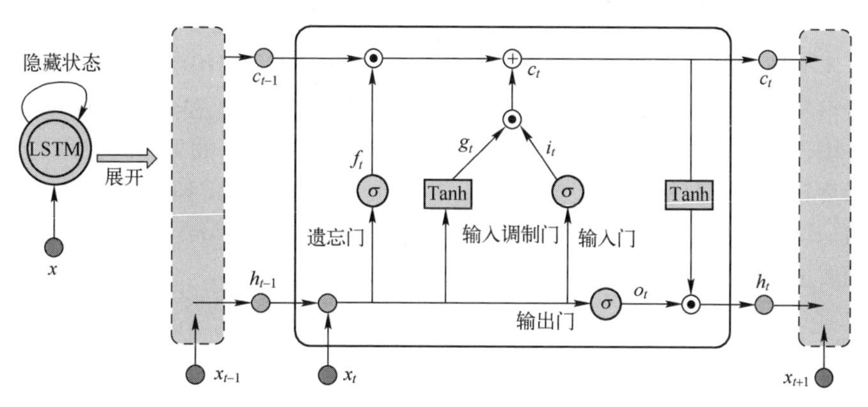

图 4-2　LSTM 内部结构图

如图 4-2 所示，LSTM 单元内部信息的记忆功能是通过三个控制门来实现的，其中 f_t 表示遗忘门（forget gate），i_t 表示输入门（input gate），o_t 表示输出门（output gate）[26]。遗忘门将细胞状态中的信息选择性的遗忘，输入门则将新的信息选择性的记录到细胞状态中，上述两个门的作用对象都是细胞状态，而输出门的作用对象是隐层，用于决定哪些信息将被输出。在具体实现过程中，若已知 k 时刻从卷积神经网络层输入 LSTM 单元的图像特征为 $\boldsymbol{x}_k$、上一时刻的输出为 $\boldsymbol{h}_{k-1}$、上一个 LSTM 单元的记忆细胞状态为 $\boldsymbol{c}_{k-1}$，LSTM 单元可通过下式进行更新。

$$\begin{cases}\boldsymbol{f}_k=\sigma(\boldsymbol{W}_f*[\boldsymbol{x}_k,\boldsymbol{h}_{k-1}]+\boldsymbol{b}_f)\\ \boldsymbol{i}_k=\sigma(\boldsymbol{W}_i*[\boldsymbol{x}_k,\boldsymbol{h}_{k-1}]+\boldsymbol{b}_i)\\ \boldsymbol{g}_k=\mathrm{Tanh}(\boldsymbol{W}_g*[\boldsymbol{x}_k,\boldsymbol{h}_{k-1}]+\boldsymbol{b}_g)\\ \boldsymbol{o}_k=\sigma(\boldsymbol{W}_o*[\boldsymbol{x}_k,\boldsymbol{h}_{k-1}]+\boldsymbol{b}_o)\end{cases} \tag{4-1}$$

式中：σ 表示 Sigmoid 非线性函数；$*$ 表示卷积操作；Tanh 表示双曲正切非线性函数；$\boldsymbol{W}_f$、$\boldsymbol{W}_i$、$\boldsymbol{W}_g$ 和 $\boldsymbol{W}_o$ 表示参数矩阵；$\boldsymbol{b}_f$、$\boldsymbol{b}_i$、$\boldsymbol{b}_g$ 和 $\boldsymbol{b}_o$ 分别为相应的偏置矩阵；$\boldsymbol{f}_k$、$\boldsymbol{i}_k$、$\boldsymbol{g}_k$、$\boldsymbol{o}_k$ 分别为 k 时刻的遗忘门、输入门、输入模块门、输出门状态。

若设 $\boldsymbol{c}_k$ 为 k 时刻的细胞状态，则记忆单元更新方程和输出方程如下式所示。

$$\begin{aligned}\boldsymbol{c}_k&=\boldsymbol{f}_k\odot\boldsymbol{c}_{k-1}+\boldsymbol{i}_k\odot\boldsymbol{g}_k\\ \boldsymbol{h}_k&=\boldsymbol{o}_k\odot\mathrm{Tanh}(\boldsymbol{c}_k)\end{aligned} \tag{4-2}$$

式中：⊙表示两个向量对应元素的点乘操作。

4.3.3 损失函数设计

本章所提基于递归神经网络的单目视觉定位算法采用相机位姿真实值作为监督信息进行训练，其损失函数为估计值与真实值之差。在具体实现过程中，每个图像序列两图像帧之间对应的相机旋转角度都较小，故采用欧拉角的形式表示旋转分量。此外，由于位姿的平移分量（单位是 m）和旋转分量（单位是°）具有不同的尺度空间，因此在设计损失函数时采用分配权重的方式来平衡两者之间的误差差异，如下式所示。

$$L_{\text{pos}} = \frac{1}{N}\sum \lambda \|\tilde{\boldsymbol{t}} - \boldsymbol{t}_{\text{gt}}\|_2^2 + \|\tilde{\boldsymbol{r}} - \boldsymbol{r}_{\text{gt}}\|_2^2 \tag{4-3}$$

式中：$\boldsymbol{t}_{\text{gt}}$和$\tilde{\boldsymbol{t}}$分别表示平移向量的真实值和估计值；$\boldsymbol{r}_{\text{gt}}$和$\tilde{\boldsymbol{r}}$分别表示旋转向量的真实值和估计值；$\lambda$ 为平移向量误差和旋转向量误差之间的平衡因子。

本章算法采用 KITTI 数据集中的 Odometry 数据[27]进行训练，该数据集提供的相机位姿真值采用变换矩阵的形式，且所有图像帧均以图像序列中第一帧的相机位姿作为世界坐标系。而在本章所提算法中，每组图像序列的长度设为 5，此时相机位姿真值应为这 5 帧图像中当前帧与其余 4 个相邻帧之间的位姿变换量，为此在训练时需要通过下式进行转换。

$$\begin{cases}\boldsymbol{t}_{rel} = \boldsymbol{R}_c^T(\boldsymbol{t}_r - \boldsymbol{t}_c) \\ \boldsymbol{R}_{rel} = \boldsymbol{R}_c^T\boldsymbol{R}_r\end{cases} \tag{4-4}$$

式中：$[\boldsymbol{t}_c, \boldsymbol{R}_c]$和$[\boldsymbol{t}_r, \boldsymbol{R}_r]$分别为当前帧和相邻帧相对于世界坐标系的位姿变换量；$[\boldsymbol{t}_{rel}, \boldsymbol{R}_{rel}]$分别为当前帧和相邻帧之间的位姿变换量。

4.4 实验结果及其分析

4.4.1 实验数据集

如前所述，本章算法采用 KITTI 数据集进行训练与评估。该数据集是目前最大的计算机视觉算法测评数据集[28]，它依托载有 2 个彩色摄像机、2 个 Point Gray 灰度摄像机、1 个 3D 激光雷达和 GPS 的汽车平台（图 4-3），在城市、乡村和高速路环境中进行图像采集，采集图像中包含有丰富的场景类别，因此具有较高的评估意义。

KITTI 数据集中的 Odometry 数据是目前视觉里程计常用的评测标准数据集，共包含 22 个双目图像和三维点云序列。其中：前 11 个图像序列（第 00~

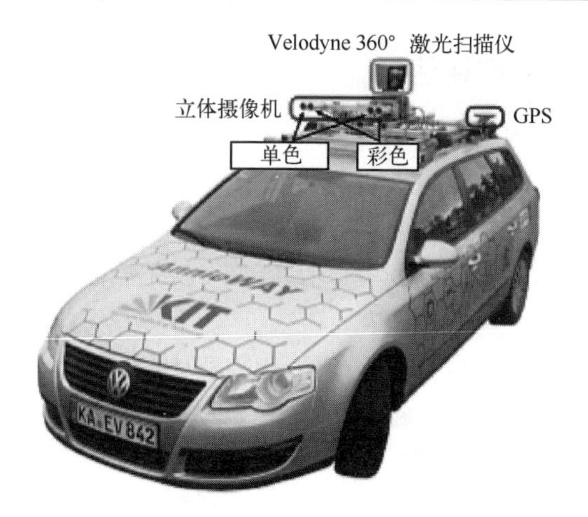

图 4-3　KITTI 数据集采集汽车平台

10 个图像序列）提供了汽车行驶轨迹的真实值，该轨迹真实值由汽车平台携带的传感器精确定位得到；而第 11～21 个图像序列没有提供真实轨迹。综合上述分析，本章算法采用 Odometry 数据集中的前 11 个图像序列进行实验，具体采用 00、01、03、08、09 共 5 个图像序列进行训练，这些图像序列涵盖了城市、城乡、高速公路、乡村等场景，可以使神经网络进行充分的学习，而其余 6 个图像序列用于测试。

4.4.2　实验设置

本章所提算法在 Google 开源深度学习框架 TensorFlow[29] 的基础上进行搭建。TensorFlow 是目前深度学习领域最流行的框架之一，它基于数据流图技术进行数值计算，在数据流图中节点表示数学运算，边则用于传输多维数据，它代表了节点之间的某种联系。此外，TensorFlow 不需要通过反向传播算法求解梯度，它支持自动求导并可进行并行设计，从而可充分利用硬件资源，因此在深度学习领域中被广泛应用。

本章所提算法具体训练前，首先对原始数据集中不同大小的图像进行预处理，即将图像分辨率统一调整为 416×128。训练时采用 Adam 优化器，相比于随机梯度下降（Stochastic Gradient Descent，SGD）算法[30]，该优化算法不仅速度更快，而且不容易陷于局部最优解。在本网络中，基本的参数设置为 $\beta_1=0.9$，$\beta_2=0.999$，批量大小为 4，迭代 20 万次，初始学习率设为 0.0002，每训练完图像数量的 1/5 将学习率减半，从而以最大概率获得最优解。

4.4.3 视觉定位精度评估

为验证本章所提视觉定位算法的有效性和优越性，从定性和定量两个方面进行评估。其中：定性分析可以更加直观地展示利用本章算法对相机运动轨迹的估计结果与真实运动轨迹的对比；而定量分析则主要从定位误差出发，将本章所提算法（记为 RCNN_VO）与其他几种算法的定位精度进行对比分析。

1. 定性分析

如 4.3.3 节所述，本章算法将每组图像序列的长度设为 5，且下一组图像的第一帧图像即上一组图像的最后一帧，因此每组图像将获得 4 组相对位姿变换，且通过连续的位姿变换即可获得每帧图像所对应的绝对位姿，从而生成最终的相机运动轨迹。图 4-4 给出了四组在 xyz 轴上的真实运动轨迹与估计运动轨迹的对比效果图，其中黑色曲线为相机的真实运动轨迹，而红色曲线则表示利用本章算法估计的相机运动轨迹。从图 4-4 中可以看出，本章算法所获取的相机运动轨迹与真实运动轨迹基本相符。

2. 定量比较

（1）为了验证本章所提视觉定位算法的有效性和优越性，将其与 VISO2_M、VISO2_S 视觉里程计的相对定位精度进行对比，其中 VISO2_M、VISO2_S 的运行结果均由文献［31］提供。实验结果如表 4-2 所示，表中 t_{rel} 表示平均平移误差，单位为%；r_{rel} 表示平均旋转误差，单位为°/100m。

从表 4-2 中可以看出：本章所提算法的定位精度明显优于单目视觉里程计 VISO2_M 算法，并且能够有效适应于不同的应用场景，但与立体视觉里程计 VISO2_S 算法的定位精度还有一定的差距。需要指出的是，本章所提算法的输入图像分辨率大小为 416×128，而 VISO2_M、VISO2_S 两种算法使用的图像分辨率大小为 1242×376，说明本章所提算法利用较低分辨率的图像就可获得不错的视觉定位效果。

表 4-2　本章算法与对比算法的视觉定位相对误差对比表

序列号	RCNN_VO		VISO2_M		VISO2_S	
	t_{rel}/%	r_{rel}/(°/)	t_{rel}/%	r_{rel}/(°/)	t_{rel}/%	r_{rel}/(°/)
04	6.65	6.32	4.69	4.49	2.12	2.12
05	6.32	7.22	19.22	17.58	1.53	1.60
06	7.12	7.50	7.30	6.14	1.48	1.58
07	8.39	9.68	23.61	29.11	1.85	1.91
10	9.58	10.35	41.56	32.99	1.17	1.30
平均值	7.61	8.21	19.28	16.52	1.63	1.96

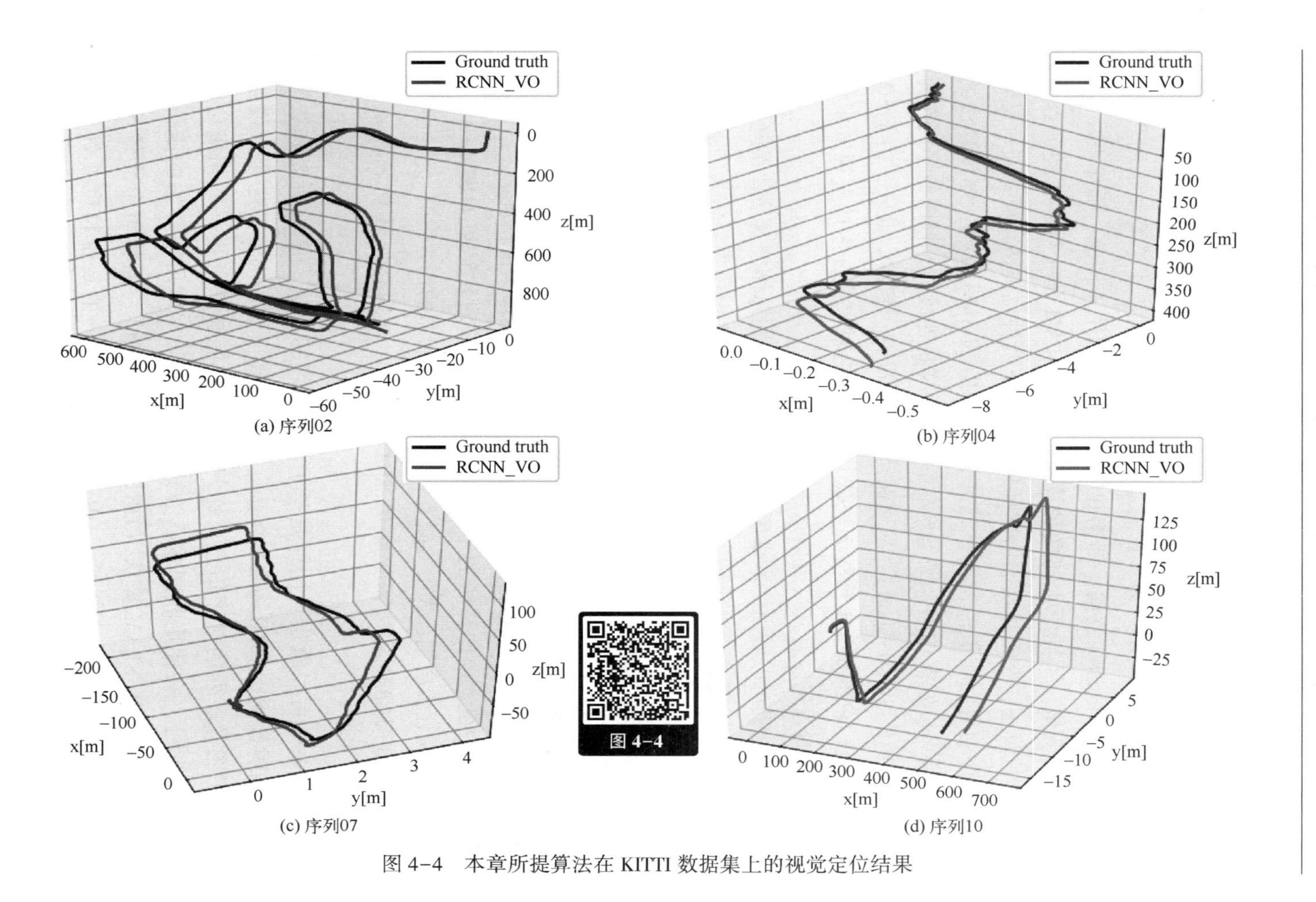

(a) 序列02

(b) 序列04

(c) 序列07

(d) 序列10

图 4-4 本章所提算法在 KITTI 数据集上的视觉定位结果

（2）将本章所提算法与基于卷积神经网络的单目视觉里程计 SfMLearner[32]算法、单目 ORB-SLAM[33]算法进行对比，并通过计算绝对轨迹误差（Absolute Trajectory Error，ATE）和视觉可视化，验证本章所提视觉定位算法的有效性，实验结果如图 4-5 所示。为了算法之间对比的公平性，本章算法采用和 SfMLearner 方法一样的训练数据，即第 00～08 图像序列用于训练，而第 09、10 图像序列用于测试。不同于上述两种算法，ORB-SLAM 是一种基于特征点的传统视觉定位算法，在对比实验中本章采用了如下两种位姿估计模式：一是输入整个图像序列得到相机的位姿估计（记为 ORB-SLAM-long），即该算法的闭环检测模块可以发挥作用；二是与本章算法一样将连续的 5 帧图像序列作为输入（记为 ORB-SLAM-short），从而保持实验标准的一致性。此外，由于 SfMLearner 和单目 ORB-SLAM 算法无法恢复场景的绝对尺度，因此对视觉定位精度进行评估时首先恢复其尺度信息。

从实验结果可以看出，本章所提视觉定位算法的总体位置估计误差相对较小，并且稳定性高、鲁棒性强。进一步分析本章算法定位误差较大的区间，如序列 10 的第 440 帧、650 帧、860 帧左右等处，在上述帧区间内出现了图 4-6 所示的特殊路况。也就是说，当汽车急转弯并且速度较快，或者在狭窄空间内遇到大型车辆等遮挡情况时，由于两帧图像之间的差异较大，本章所提基于递归神经网络的视觉定位算法相比于采用卷积神经网络的 SfMLearner 算法并没有特别大的优势，定位误差也较大，即出现了误差陡然增大的情况。

上述三种视觉定位算法的定位误差及其标准差对比结果如表 4-3 所示，采用绝对误差评价准则，表中数据为平移分量绝对误差的均方根值（单位为 m），且表中 ORB-SLAM 算法为完整的 SLAM 算法，即具有回环检测和重定位模块。

从表 4-3 可以看出：同样是基于深度学习的方法，本章所提算法的定位精度要明显优于 SfMLearner 算法，平均提高了 20.16%，这充分说明由于引入了图像序列的时序信息，递归神经网络能够获得更好的相机位姿估计结果；此外，在使用相同输入方式的情况下，本章所提算法的定位精度要明显优于 ORB-SLAM 算法（ORB-SLAM-short），但将整个图像序列作为输入时，ORB-SLAM 算法（ORB-SLAM-long）的定位精度要好于本章所提算法。

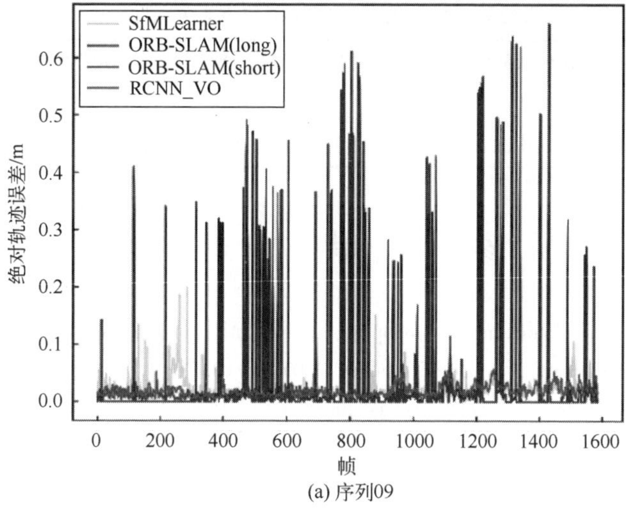

(a) 序列09

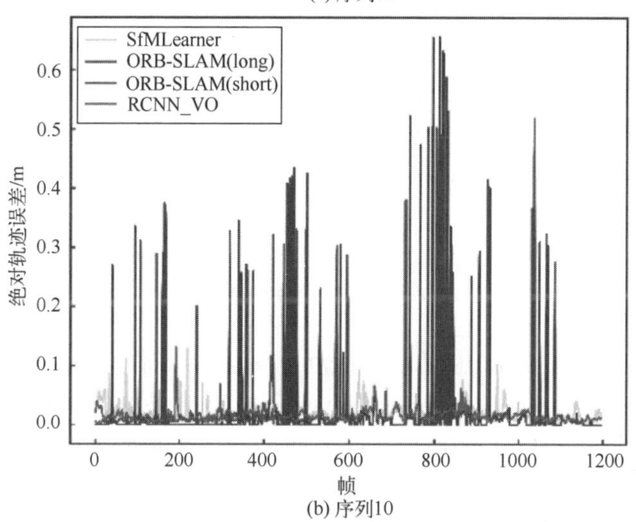

(b) 序列10

图 4-5　本章算法与对比算法视觉定位的均方根误差对比结果图

图 4-6　部分特殊路况示意图

表 4-3　本章算法与对比算法的视觉定位绝对误差对比表

序列号	SfMLearner	ORB-SLAM（long）	ORB-SLAM（short）	RCNN_VO
09	0.0218±0.0167	0.0136±0.0078	0.0313±0.1038	0.0183±0.0092
10	0.0202±0.0152	0.0120±0.0112	0.0307±0.0958	0.0153±0.0098

参考文献

[1] Klein G, Murray D. Parallel tracking and mapping for small AR workspaces [C]. International Symposium on Mixed and Augmented Reality, 2007: 1-10.

[2] Engel J, Koltun V, Cremers D. Direct sparse odometry [J]. IEEE Transactions on Pattern Analysis and Machine Intelligence, 2016, 99 (2): 1-8.

[3] Forster C, Pizzoli M, Scaramuzza D. SVO: Fast semi-direct monocular visual odometry [C]. IEEE International Conference on Robotics and Automation, 2014: 15-22.

[4] Chan T, Jia K, Gao S, et al. PCANet: A simple deep learning baseline for image classification [J]. IEEE Transactions on Image Processing, 2014, 24 (12): 5017.

[5] Satrasupalli S, Daniel E, Guntur S, et al. End to end system for hazy image classification and reconstruction based on mean channel prior using deep learning network [J]. IET Image Processing, 2021, 14 (3): 1-8.

[6] Eigen D, Puhrsch C, Fergus R. Depth map prediction from a single image using a multi-scale deep network [C]. International Conference on Neural Information Processing Systems, 2014: 2366-2374.

[7] Garg R, Vijay K, Carneiro G, et al. Unsupervised CNN for single view depth estimation: Geometry to the rescue [C]. European Conference on Computer Vision, 2016: 740-756.

[8] Raihan J, Abas P, Silva L. Depth estimation for underwater images from single view image [J]. IET Image Processing, 2021, 14 (10): 1-8.

[9] Girshick R, Donahue J, Darrell T, et al. Rich feature hierarchies for accurate object detection and semantic degmentation [C]. IEEE Computer Society Conference on Computer Vision and Pattern Recognition, 2014: 580-587.

[10] He K, Zhang X, Ren S, et al. Spatial pyramid pooling in deep convolutional networks for visual recognition [C]. European Conference on Computer Vision, 2014: 346-361.

[11] Ren S, He K, Girshick R, et al. Faster R-CNN: Towards real-time object detection with region proposal networks [C]. International Conference on Neural Information Processing Systems, 2015: 91-99.

[12] Redmon J, Farhadi A. YOLO9000: Better, faster, stronger [C]. IEEE Computer Society Conference on Computer Vision and Pattern Recognition, 2017: 6517-6525.

[13] Ming Q, Miao L, Zhou Z, et al. CFC-Net: A critical feature capturing network for arbitrary-

oriented object detection in remote-sensing images [J]. IEEE Transactions on Geoscience and Remote Sensing, 2022, 60: 1-8.

[14] Long J, Shelhamer E. Fully convolutional networks for semantic segmentation [C]. IEEE Computer Society Conference on Computer Vision and Pattern Recognition, 2015: 3431-3440.

[15] 邓晨, 李宏伟, 张斌, 等. 基于深度学习的语义 SLAM 关键帧图像处理 [J]. 测绘学报, 2021, 11: 1605-1616.

[16] Konda K, Memisevic R. Learning visual odometry with a convolutional network [C]. International Conference on Computer Vision Theory and Applications, 2015: 486-490.

[17] Costante G, Mancini M, Valigi P, et al. Exploring representation learning with CNNs for frame-to-frame ego-motion estimation [J]. IEEE Robotics & Automation Letters, 2015, 1 (1): 18-25.

[18] Detone D, Malisiewicz T, Rabinovich A. Toward geometric deep SLAM [C]. IEEE Computer Society Conference on Computer Vision and Pattern Recognition, 2017: 1-8.

[19] Tateno K, Tombari F, Laina I, et al. CNN-SLAM: Real-time dense monocular SLAM with learned depth prediction [J]. IEEE Computer Society Conference on Computer Vision and Pattern Recognition, 2017: 6565-6574.

[20] Graves A, Jaitly N. Towards end-to-end speech recognition with recurrent neural networks [C]. International Conference on Machine Learning, 2014: 1764-1772.

[21] 牟永强, 范宝杰, 孙超严, 等. 面向精准价格牌识别的多任务循环神经网络 [J]. 自动化学报, 2022, 48 (2): 608-614.

[22] 鲍振强, 李艾华, 崔智高. 深度学习在视觉定位与三维结构恢复中的研究进展 [J]. 激光与光电子学进展, 2018, 5 (55): 050007.

[23] Gers F, Schmidhuber J, Cummins F. Learning to forget: Continual prediction with LSTM [J]. Neural Computation, 2000, 12 (10): 2451-2471.

[24] Zhang C, Wang W, Zhang C, et al. Extraction of local and global features by a convolutional neural network and long short-term memory network for diagnosing bearing faults [J]. Proceedings of the Institution of Mechanical Engineers, Part C: Journal of Mechanical Engineering Science, 2022, 236 (3): 1877-1887.

[25] 杨宇晴, 王德睿, 丁进良. 基于 RAGAN 的工业过程运行指标前馈反馈多步校正 [J]. 自动化学报, 2022, 48: 1-11.

[26] 胡新辰. 基于 LSTM 的语义关系分类研究 [D]. 哈尔滨: 哈尔滨工业大学, 2015.

[27] Geiger A, Lenz P, Stiller C, et al. Vision meets robotics: The KITTI dataset [J]. International Journal of Robotics Research, 2013, 32 (11): 1231-1237.

[28] 贺秉安, 曾兴, 李子奇, 等. 基于稀疏激光点云数据和单帧图像融合的三维重构算法 [J]. 计测技术, 2017, 37 (3): 13-19.

[29] Abadi M, Agarwal A, Barham P, et al. TensorFlow: Large-scale machine learning on het-

erogeneous distributed systems [J]. arXiv e-prints, 2016.

[30] Carlon A, Kroetz H, Torii A, et al. Risk optimization using the Chernoff bound and stochastic gradient descent [J]. Reliability Engineering and System Safety, 2022, 223: 1-8.

[31] Wang S, Clark R, Wen H, et al. DeepVO: Towards end-to-end visual odometry with deep recurrent convolutional neural networks [C]. IEEE International Conference on Robotics and Automation, 2017: 2043-2050.

[32] Zhou T, Brown M, Snavely N, et al. Unsupervised learning of depth and ego-motion from video [C]. IEEE Computer Society Conference on Computer Vision and Pattern Recognition, 2017: 6612-6619.

[33] Mur-Artal R, Tardos J. ORB-SLAM2: An open-source SLAM system for monocular, stereo, and RGB-D cameras [J]. IEEE Transactions on Robotics, 2016, 31 (99): 1-8.

第5章　基于自监督深度估计的单目视觉定位算法

5.1　引　　言

本书第4章提出了一种基于递归神经网络的单目视觉定位算法，该算法首先利用卷积神经网络提取图像特征，然后利用递归神经网络建立图像序列之间的联系，从而结合二者的优势实现了对相机位姿变换量的较精确估计。然而实验结果表明，本书第4章所提算法的视觉定位精度还有待提升，需要进一步结合图像的深度、闭环检测[1]等信息获得更好的位姿估计结果。

现有研究表明[2-3]，在巡检机器人视觉SLAM问题中引入深度信息，不仅可以辅助相机位姿的精确估计，更有利于构建更加精确的环境地图。深度信息的获取通常有以下两种方式：一种是利用深度相机、激光雷达等传感器进行主动测距获取[4-5]；另一种是利用计算机视觉算法获取，例如将双目摄像机捕获的图像序列通过三角化原理计算获得场景的视差图，进而得到场景的深度图[6-8]。近年来，随着深度学习技术的迅猛发展，卷积神经网络在图像深度信息的估计中也取得了巨大成功，它通过对图像数据集的自监督学习自动实现场景深度的精确估计[9-11]。

综合上述分析，本章在第4章视觉定位算法的基础上通过增加深度估计网络，提出了一种基于自监督深度估计的单目视觉定位算法[12]，该算法利用双目图像序列对位姿估计网络和深度估计网络进行联合训练和优化，同时借鉴传统视觉SLAM算法中直接法[13]的思想构造损失函数，不仅实现了对相机位姿更加精确的估计，而且恢复了场景的绝对尺度信息。

5.2　算法整体框架

本章所提基于自监督深度估计的单目视觉定位算法由深度估计网络和位姿估计网络两个子网络组成，其总体流程图如图5-1所示。在训练阶段，采用双目相机图像序列对上述两个子网络进行联合训练和优化，从而恢复场景的绝对尺度信息并实现自监督训练；在测试阶段，采用单目彩色图像序列进行测试，其主要步骤包括：

步骤 1，将单目彩色图像序列输入已训练好的两个子网络；

步骤 2，利用深度估计网络估计每帧图像各像素点的深度值，从而获得该幅图像对应的深度图；

步骤 3，利用位姿估计网络的卷积神经网络层提取图像特征并生成特征向量；

步骤 4，将此特征向量输入到递归神经网络层，输出 6 自由度的相对位姿变换量。

需要指出的是，本章所用位姿估计网络采用本书第 4 章所述算法，即每次同样将连续的 5 帧图像输入网络，并将中间帧作为深度估计网络的输入。

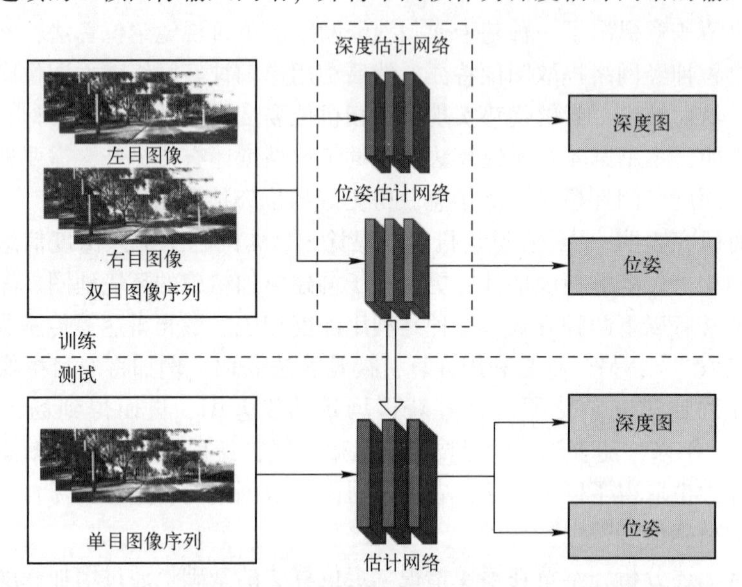

图 5-1　基于自监督深度估计的单目视觉定位算法流程图

5.3　算法具体实现

5.3.1　深度估计网络设计

由于本章算法需要输出像素级的图像深度估计结果，为此设计了如图 5-2 所示的深度估计网络，该网络采用卷积—反卷积的结构[14]，即在利用卷积层对图像进行特征提取之后，再利用反卷积层将其还原到原始图像大小。该种方式相比于反池化（unpooling）、双线性插值等方法可以取得更好的效果。所谓反卷积（deconvolution）通常是指卷积过程的反运算，也就是在正向和反向传播过程中进行与卷积操作相反的运算。自2010年Zeiler等[15]首次提出反卷积概念以来，反卷积已被广泛应用于神经网络可视化[16]、图像深度估计[17]、场景分割[18]等领域。

此外，本章算法设计的深度估计网络还采用了skip结构，即将深层的卷积层输出与浅层的卷积层输出融合后作为下一卷积层的输入，这样的处理将使原本比较粗糙的图像深度估计结果变得更加精细。

如图5-2所示，本章算法设计的深度估计网络由7个卷积层和7组反卷积层组成，且每组反卷积层均由一个反卷积和一个卷积组成。其中：每组反卷积层均将前面反卷积的输出和网络前面相应的卷积输出共同作为它的输入，从而可以得到更加精细的深度估计效果，具体的网络结构如表5-1所示；此外，除最后的深度预测层外，其余层的激活函数均采用ReLU函数，且每一层都采用了填充操作，同时网络的前2层分别采用了大小为7×7、5×5的卷积核，而其余层的卷积核大小均为3×3，从而有利于提取更加细致的局部特征。

表5-1　本章算法深度估计网络结构表

Layers	Kernel Size	Padding	Stride	Feature maps	Input
conv1	7×7	3	2	32	image
conv2	5×5	2	2	64	conv1
conv3	3×3	1	2	128	conv2
conv4	3×3	1	2	256	conv3
conv5	3×3	1	2	512	conv4
conv6	3×3	1	2	512	conv5
conv7	3×3	1	2	512	conv6
upconv7	3×3	1	2	512	conv7
iconv7	3×3	1	1	512	upconv7+conv6
upconv6	3×3	1	2	512	iconv7
iconv6	3×3	1	1	512	upconv6+conv5
upconv5	3×3	1	2	256	iconv6
iconv5	3×3	1	1	256	upconv5+conv4
upconv4	3×3	1	2	128	iconv5
iconv4	3×3	1	1	128	upconv4+conv3
upconv3	3×3	1	2	64	iconv4
iconv3	3×3	1	1	64	upconv3+conv2
upconv2	3×3	1	2	32	iconv3
iconv2	3×3	1	1	32	upconv2+conv1
upconv1	3×3	1	2	16	iconv2
iconv1	3×3	1	1	16	upconv1
depth	3×3	1	1	1	iconv1

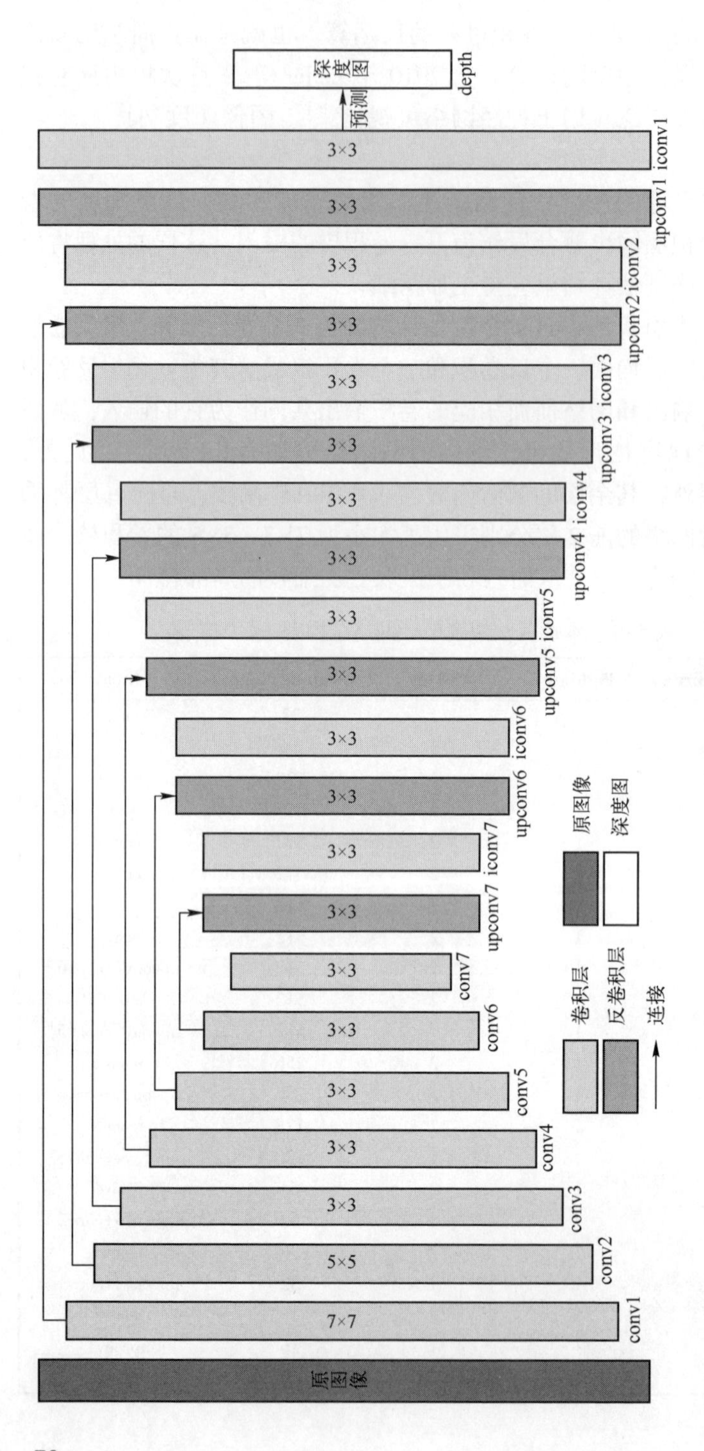

图 5-2　本章算法深度估计网络结构图

5.3.2　损失函数设计

本章所提基于自监督深度估计的单目视觉定位算法采用双目图像序列，以自监督方式对深度估计网络和位姿估计网络进行联合训练，不需要额外的位姿真值和深度图真值作为监督信息。

在构造损失函数模型时，本章算法充分借鉴了文献［19-21］中损失函数的建模方法，即分别从双目图像和单目图像序列的角度出发，同时借鉴传统SLAM 算法中直接法的思想来构造损失函数。在直接法中，损失函数需要对图像所有的像素进行计算，而在卷积网络训练过程中也正是对整幅图像进行了卷积操作；此外，直接法是基于灰度不变这一前提假设条件的，而神经网络的输入也正是相对位姿变化不大的连续相邻图像帧。综合上述考虑，本章算法在构造损失函数时引入了直接法的思想。

如图 5-3 所示，本章算法设计的损失函数包括双目图像一致性误差和单目图像序列误差两部分，在利用双目图像恢复场景绝对尺度实现自监督训练的同时，最大程度上减小了位姿估计误差。

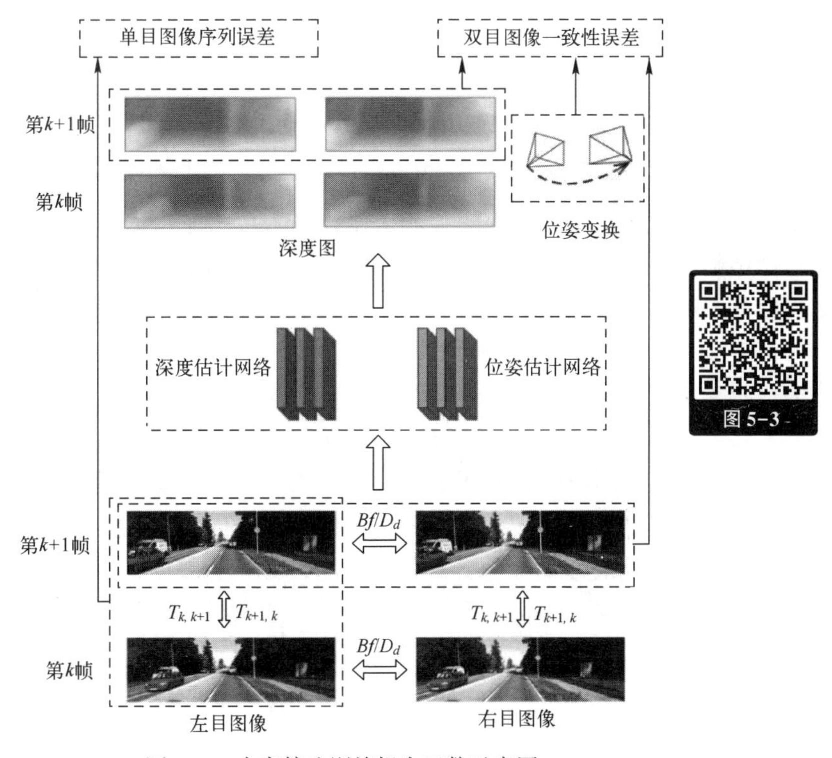

图 5-3　本章算法训练损失函数示意图

1. 双目图像一致性误差

双目图像一致性误差是指利用双目图像之间的几何约束关系，通过最小化左目图像和右目图像之间的视图合成误差、视差一致性误差、位姿一致性误差等因素，以获取监控场景的绝对尺度。

（1）对于双目相机拍摄图像对中相互重叠的区域，左目图像的像素在右目图像中有其相对应的像素，反之亦然，因此可计算其匹配误差。若假设 $p_l(u_l,v_l)$、$p_r(u_r,v_r)$ 分别是某三维空间点在左右视图中的对应像素点，则二者之间存在如下关系：

$$\begin{cases} u_l = u_r \\ v_r = v_l + D_p \\ D_p = Bf/D_d \end{cases} \tag{5-1}$$

式中：B 为双目相机的基线；f 为相机的焦距；D_d 为该三维空间点的深度值。

本章算法在具体训练过程中，利用双目图像对中的一幅图像合成其对应的另一幅图像，并结合 L1 范数[22]和结构相似性指数 SSIM[23]计算视图合成误差，如下式所示：

$$\begin{cases} L_v^l = \dfrac{1}{N'}\sum\limits_{i,j} \alpha \dfrac{1 - \mathrm{SSIM}(I_{ij}^l, \tilde{I}_{ij}^l)}{2} + (1-\alpha)\,\| I_{ij}^l - \tilde{I}_{ij}^l \| \\ L_v^r = \dfrac{1}{N'}\sum\limits_{i,j} \alpha \dfrac{1 - \mathrm{SSIM}(I_{ij}^r, \tilde{I}_{ij}^r)}{2} + (1-\alpha)\,\| I_{ij}^r - \tilde{I}_{ij}^r \| \end{cases} \tag{5-2}$$

式中：L_v^l、L_v^r 分别为左右视图的合成误差；N' 为总的像素数目；I_{ij}^l、I_{ij}^r 分别为左目图像和右目图像，$\tilde{I}_{ij}^l$、$\tilde{I}_{ij}^r$ 则表示相对应的合成图像；α 为 L1 范数和结构相似性指数 SSIM 之间的比例因子。

（2）通常情况下，根据场景深度图可得到图像视差图。若假设图像宽度为 $\boldsymbol{I}_w$、场景深度图为 $\boldsymbol{D}_p$，则图像视差图可表示为

$$\boldsymbol{D}_{\mathrm{dis}} = \boldsymbol{D}_p \times I_w \tag{5-3}$$

此时利用左右图像的视差图 $\boldsymbol{D}_{\mathrm{dis}}^l$、$\boldsymbol{D}_{\mathrm{dis}}^r$，可分别合成其对应的视差图 $\boldsymbol{D}_{\mathrm{dis}}^{\tilde{r}}$、$\boldsymbol{D}_{\mathrm{dis}}^{\tilde{l}}$。综合上述分析，若假设序列图像中图像对数目之和为 N，则可得到视差一致性误差计算公式为

$$\begin{cases} L_{\mathrm{dis}}^l = \dfrac{1}{N}\sum \| \boldsymbol{D}_{\mathrm{dis}}^l - \boldsymbol{D}_{\mathrm{dis}}^{\tilde{l}} \| \\ L_{\mathrm{dis}}^r = \dfrac{1}{N}\sum \| \boldsymbol{D}_{\mathrm{dis}}^r - \boldsymbol{D}_{\mathrm{dis}}^{\tilde{r}} \| \end{cases} \tag{5-4}$$

（3）将左目图像和右目图像分别输入位姿估计网络，可分别预测得到相

机的位姿$\tilde{\boldsymbol{t}}_l$、$\tilde{\boldsymbol{r}}_l$和$\tilde{\boldsymbol{t}}_r$、$\tilde{\boldsymbol{r}}_r$，此时可利用 L2 范数进行衡量，如下式所示：

$$L_{\text{pos}} = \frac{1}{N}\sum \lambda \parallel \tilde{\boldsymbol{t}}_l - \tilde{\boldsymbol{t}}_r \parallel_2^2 + \parallel \tilde{\boldsymbol{r}}_l - \tilde{\boldsymbol{r}}_r \parallel_2^2 \tag{5-5}$$

式中：λ 为左右目图像位置和方向一致性的权重参数。

2. 单目图像序列误差

单目图像序列误差主要针对左目图像序列和右目图像序列在时间上的先后连续性进行建模，通常也称为光度一致性误差。若设相机的内参矩阵为 $\boldsymbol{K}$，从第 k 帧图像转换到第 k+1 帧图像的变换矩阵为 $\boldsymbol{T}_{k,k+1}$，第 k 帧图像像素的深度值为 D_p，则同一空间点在第 k 帧图像和第 k+1 帧图像中的成像像素坐标 $\boldsymbol{p}_k$、$\boldsymbol{p}_{k+1}$满足下式：

$$\boldsymbol{p}_{k+1} = \boldsymbol{K}\boldsymbol{T}_{k,k+1} D_p \boldsymbol{K}^{-1} \boldsymbol{p}_k \tag{5-6}$$

此时可利用第 k 帧图像 I_k 和第 k+1 帧图像 I_{k+1}分别合成$\tilde{I}_{k+1}$、$\tilde{I}_k$，结合 L1 范数和结构相似性指数 SSIM 可得到左右图像序列的光度一致性误差，如下式所示：

$$\begin{cases} L_v^k = \dfrac{1}{N'}\sum \beta \dfrac{1 - \text{SSIM}(I_k, \tilde{I}_k)}{2} + (1-\beta) \parallel I_k - \tilde{I}_k \parallel \\ L_v^{k+1} = \dfrac{1}{N'}\sum \beta \dfrac{1 - \text{SSIM}(I_{k+1}, \tilde{I}_{k+1})}{2} + (1-\beta) \parallel I_{k+1} - \tilde{I}_{k+1} \parallel \end{cases} \tag{5-7}$$

式中：β 为 L1 范数和结构相似性指数 SSIM 之间的比例因子。

综合上述双目图像一致性误差（视图合成误差、视差一致性误差、位姿一致性误差）和单目图像序列误差，可得到本章算法总的训练损失函数表达式，如下式所示：

$$L = \alpha_\nu (L_v^l + L_v^r) + \alpha_{\text{dis}} (L_{\text{dis}}^l + L_{\text{dis}}^r) + \alpha_{\text{pos}} L_{\text{pos}} + \alpha'_\nu (L_v^k + L_v^{k+1}) \tag{5-8}$$

式中：α_ν、α_{dis}、α_{pos}和 α'_ν 分别为各误差对应的权重。

5.4　实验结果及其分析

与本书第 4 章算法相同，本章算法同样在 KITTI 数据集[24]中的 Odometry 数据上进行训练和测试，且图像大小、学习率、批处理大小等网络参数设置均与 4.4.2 节保持一致。

5.4.1　视觉定位精度定性评估

利用本章所提算法将估计得到的相机相对位姿经过变换后即可获得绝对位姿，从而进一步生成相机的运动轨迹。图 5-4 给出了四组在 xyz 轴上的真实运

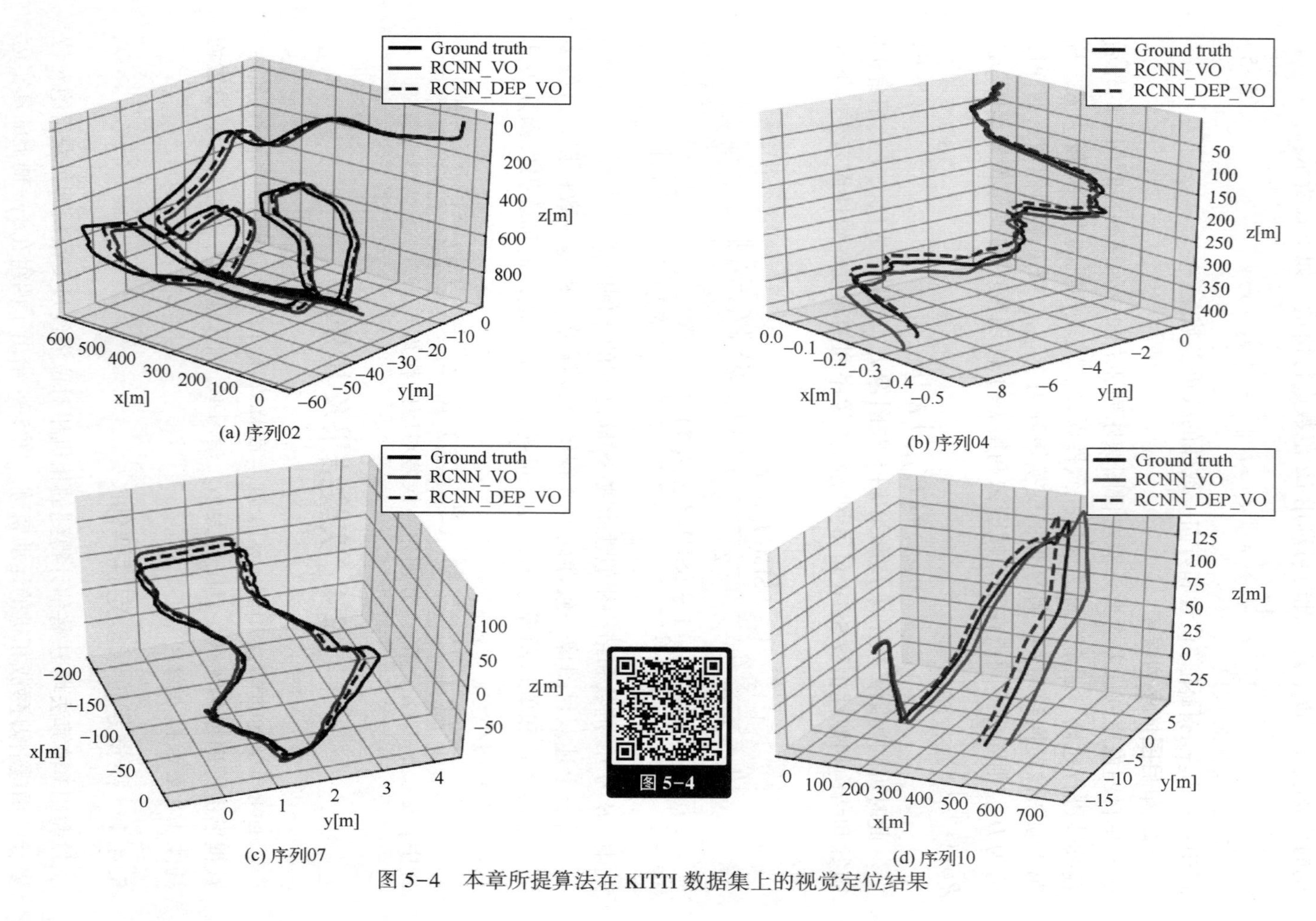

(a) 序列02　(b) 序列04　(c) 序列07　(d) 序列10

图 5-4　本章所提算法在 KITTI 数据集上的视觉定位结果

动轨迹与估计运动轨迹的对比效果图，图中黑色实曲线为相机的真实运动轨迹，红色实曲线表示利用本书第 4 章算法估计的相机运动轨迹（记为 RCNN_VO），蓝色虚曲线则表示利用本章算法估计的相机运动轨迹（记为 RCNN_DEP_VO）。从实验结果可以看出，本章所提算法的位姿估计虽仍存在一定的偏移，但其精度相比于本书第 4 章算法有所提高，从而证明了本章所提算法的有效性和优越性。

5.4.2　视觉定位精度定量比较

1. 相对误差

首先将本章所提算法与 RCNN_VO、VISO2-M、VISO2-S[23] 等视觉里程计的相对定位精度进行对比分析，上述 4 种视觉定位算法的平均估计误差对比结果如表 5-2 所示。从实验结果可以看出，本章所提算法定位精度相比于本书第 4 章所述算法有所提高。表中 t_{rel} 表示平均平移误差，单位为百分比；r_{rel} 表示平均旋转误差，单位为°/100m。

表 5-2　本章算法与对比算法的视觉定位相对误差对比表

序列号	RCNN_DEP_VO		RCNN_VO		VISO2_M		VISO2_S	
	t_{rel}/%	r_{rel}/(°)	t_{rel}/%	r_{rel}/(°)	t_{rel}/%	r_{rel}/(°)	t_{rel}/%	r_{rel}/(°)
04	6.15	6.65	6.65	6.32	4.69	4.49	2.12	2.12
05	4.58	6.32	6.32	7.22	19.22	17.58	1.53	1.60
06	6.35	7.12	7.12	7.50	7.30	6.14	1.48	1.58
07	5.50	8.39	8.39	9.68	23.61	29.11	1.85	1.91
10	7.21	9.58	9.58	10.35	41.56	32.99	1.17	1.30
平均值	5.96	7.61	7.61	8.21	19.28	16.52	1.63	1.96

2. 绝对误差

为进一步验证本章所提视觉定位算法的有效性，以绝对轨迹误差（Absolute Trajectory Error，ATE）作为评估准则，将本章所提算法与基于卷积神经网络的单目视觉定位算法 SfMLearner[19]、单目 ORB-SLAM[25] 算法（又具体分为 ORB-SLAM-long 和 ORB-SLAM-short 两种方法，详见本书第 4 章）、本书第 4 章所述算法 RCNN_VO 等进行对比，实验结果如图 5-5 所示。为了算法之间对比的公平性，在本章算法与本书第 4 章算法以及 SfMLearner 算法进行比较时，3 种算法均采用相同的训练数据，即第 00~08 图像序列用于训练，而第 09、10 图像序列用于测试。

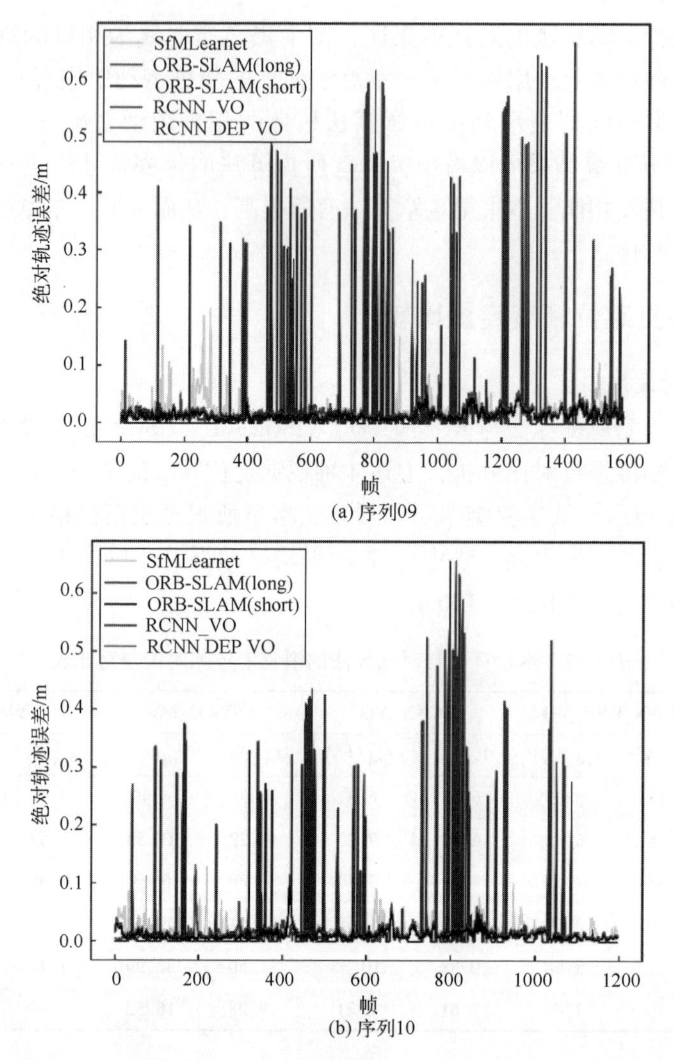

图 5-5　本章算法与对比算法视觉定位的均方根误差对比结果图

从实验结果可以看出：本章所提算法的位置估计误差相对第 4 章算法有所减小，并且上下浮动更小，即鲁棒性更强；但与第 4 章算法相同，本章算法在遇到汽车急转弯或者在狭窄空间内遇到大型车辆等遮挡情况时，其定位误差也相对较大，也会出现误差陡然增大的情况。

上述各种视觉定位算法的定位误差及其标准差对比结果如表 5-3 所示，表中采用绝对轨迹误差评价准则，表中数据为平移分量绝对误差的均方根值，单位为 m。

从实验结果可以看出：同样是基于深度学习的方法，本章所提算法的视觉定位精度要明显优于 SfMLearner 算法和本书第 4 章所提算法 RCNN_VO，分别提高了 38.72%和 11.32%。此外，由于第 09 图像序列包含了闭环检测模块，使得 ORB-SLAM 算法的闭环检测功能发挥了很好的作用，因而本章所提算法的视觉定位精度要略逊于 ORB-SLAM 算法（ORB-SLAM-long），而在不包含闭环检测模块的第 10 图像序列对比实验中，本章所提算法的视觉定位精度则要略高于 ORB-SLAM 算法，这也充分证明了本章所提算法的有效性和优越性。

表 5-3　本章算法与对比算法的视觉定位绝对误差对比表

序列	SfMLearner	ORB-SLAM(long)	ORB-SLAM(short)	RCNN_VO	RCNN_DEP_VO
09	0.0218±0.0167	0.0136±0.0078	0.0313±0.1038	0.0183±0.0092	0.0142±0.0081
10	0.0202±0.0152	0.0120±0.0112	0.0307±0.0958	0.0153±0.0098	0.0116±0.0085

参考文献

[1] 鲍振强，李艾华，崔智高．深度学习在视觉定位与三维结构恢复中的研究进展［J］．激光与光电子学进展，2018，5（55）：050007.

[2] Konda K，Memisevic R. Learning visual odometry with a convolutional network［C］. International Conference on Computer Vision Theory and Applications，2015：486-490.

[3] Ummenhofer B，Zhou H，Uhrig J，et al. DeMoN：Depth and motion network for learning monocular stereo［C］. IEEE Computer Society Conference on Computer Vision and Pattern Recognition，2016：5622-5631.

[4] Zhu Y，Jin R，Lou T，et al. PLD-VINS：RGBD visual-inertial SLAM with point and line features［J］. Aerospace science and technology，2021，119（11）：107185.1-107185.19.

[5] 张福斌，林家昀．深度相机与微机电惯性测量单元松组合导航算法［J］．兵工学报，2021，42（1）：159-166.

[6] Yang S，Cao N，Guo B，et al. Depth map super-resolution based on edge-guided joint trilateral upsampling［J］. The Visual Computer，2022，38（3）：883-895.

[7] Zhang F，Liu N，Chang L，et al. Edge-guided single facial depth map super-resolution using CNN［J］. IET Image Processing，2021，14（4）：4708-4716.

[8] 郑柏伦，冼楚华，张东久．融合 RGB 图像特征的多尺度深度图像补全方法［J］．计算机辅助设计与图形学学报，2021，33（9）：1407-1417.

[9] Garg R，Vijay K，Carneiro G，et al. Unsupervised CNN for single view depth estimation：Geometry to the rescue［C］. European Conference on Computer Vision，2016：740-756.

[10] 李耀宇，王宏民，张一帆，等．基于结构化深度学习的单目图像深度估计［J］．机器人，2017，39（6）：812-819.

[11] 吴寿川，赵海涛，孙韶媛．基于双向递归卷积神经网络的单目红外视频深度估计［J］．光学学报，2017（12）：246-254.

[12] 鲍振强，李爱华．基于深度学习的移动机器人视觉 SLAM 算法研究［D］．西安：火箭军工程大学，2018.

[13] Newcombe R, Lovegrove S. DTAM: Dense tracking and mapping in real-time [C]. IEEE International Conference on Computer Vision, 2011: 2320-2327.

[14] Godard C, Aodha O, Brostow G. Unsupervised monocular depth estimation with left-right consistency [C]. IEEE Computer Society Conference on Computer Vision and Pattern Recognition, 2016: 6602-6611.

[15] Zeiler M, Krishnan D, Taylor G, et al. Deconvolutional networks [C]. IEEE Computer Society Conference on Computer Vision and Pattern Recognition, 2010: 2528-2535.

[16] 阮利，温莎莎，牛易明，等．基于可解释基拆解和知识图谱的深度神经网络可视化［J］．计算机学报，2021，44（9）：1786-1805.

[17] 江俊君，李震宇，刘贤明．基于深度学习的单目深度估计方法综述［J］．计算机学报，2022，45（6）：1276-1307.

[18] Chen T, Xie G, Yao Y, et al. Semantically meaningful class prototype learning for one-shot image segmentation [J]. IEEE Transactions on Multimedia, 2022, 24: 968-980.

[19] Zhou T, Brown M, Snavely N, et al. Unsupervised learning of depth and ego-motion from video [C]. IEEE Computer Society Conference on Computer Vision and Pattern Recognition, 2017: 6612-6619.

[20] Zhou T, Tulsiani S, Sun W, et al. View synthesis by appearance flow [C]. European Conference on Computer Vision, 2016: 286-301.

[21] Kendall A, Grimes M, Cipolla R. PoseNet: A convolutional network for real-time 6-DOF camera relocalization [C]. IEEE International Conference on Computer Vision, 2015: 2938-2946.

[22] Liang G, Huang Y, Li H, et al. L1-norm based dynamic analysis of flexible multibody system modeled with trimmed isogeometry [J]. Computer Methods in Applied Mechanics and Engineering, 2022, 394: 114760-114760.

[23] Wang S, Clark R, Wen H, et al. DeepVO: Towards end-to-end visual odometry with deep recurrent convolutional neural networks [C]. IEEE International Conference on Robotics and Automation, 2017: 2043-2050.

[24] Geiger A, Lenz P, Stiller C, et al. Vision meets robotics: The KITTI dataset [J]. International Journal of Robotics Research, 2013, 32 (11): 1231-1237.

[25] Mur-Artal R, Tardos J. ORB-SLAM2: An open-source SLAM system for monocular, stereo, and RGB-D cameras [J]. IEEE Transactions on Robotics, 2016, 31 (99): 1-8.

第6章 基于多层次卷积神经网络的视觉闭环检测算法

6.1 引　　言

本书第5章在第4章所提位姿估计网络的基础上，通过构建深度估计网络和构造合理的训练损失函数，提出了一种基于自监督深度估计的单目视觉定位算法，实验结果表明利用图像深度信息可以有效提高相机的定位精度。除场景深度信息以外，闭环检测[1-2]也是移动机器人视觉SLAM技术中的重要一环，其主要作用包括：一是判断移动机器人是否到达曾经到过的某个区域，若检测到闭环，则将此闭环信息提供给后端优化模块进行处理，从而减小位姿计算所产生的累积误差；二是在机器人丢失位置后利用当前帧与历史帧的匹配关系进行重新定位，从而实现更加精确的视觉定位与地图构建。

本质上闭环检测可看作场景识别问题[3-4]，因此现有视觉SLAM系统中的闭环检测算法基本采用关键帧图像匹配的方式实现，即首先利用人工设计的特征及其描述子进行匹配，然后设计合适的度量准则计算图像之间的相似度。根据采用人工设计特征的不同，具体又可分为基于全局特征描述子和局部特征描述子的方式。其中：局部特征描述子能够有效提取角点、轮廓线等图像局部特征，但局部特征的提取和计算非常耗时，且没有考虑场景的空间和结构信息，常用的局部特征描述子包括ORB（oriented fast and rotated brief）[5-6]、SIFT（scale - invariant feature transforms）[7-8]和SURF（speeded - up robust features）[9-10]；全局特征描述子则从整体角度出发考虑图像的总体结构，其中比较有代表性的是Gist[11-12]特征描述子，它采用Gabor滤波器[13]对整幅图像从不同的方向和频率进行特征提取，从而得到图像的一个低维全局描述，其主要缺点是图像的局部特征并没有被提取出来，并且当相机视角发生变化时效果较差。总体而言，人工设计的全局特征描述子和局部特征描述子均不能很好的表达图像，并且在天气、光照、行人、车辆等环境因素发生改变时其误匹配率会大大提高；此外，人工设计特征的提取与匹配计算非常耗时，通常无法满足实时应用的需求。

近年来随着深度学习技术的迅猛发展，利用卷积神经网络学习图像特征逐渐取代了人工设计特征方式，并且现有研究表明深度学习特征的识别效果远远优于传统的人工设计特征[14]。鉴于深度学习特征的普遍应用，利用卷积神经网络实现视觉闭环检测逐渐成为移动机器人视觉 SLAM 领域的研究热点和难点。基于卷积神经网络的视觉闭环检测算法通常对光照、视角、距离远近、外观等因素都有很好的适应性，从而能够大大提高闭环检测的鲁棒性，其缺点主要是神经网络的训练过程非常耗时，不仅对硬件的计算性能提出了很高的要求，而且网络的参数调节也需要很好的经验。为解决上述问题，近年来研究人员普遍采用在大型数据集（ImageNet[15-16]、Places[17]）上训练好的深度卷积神经网络进行闭环检测：Chen 等[18]首先将卷积神经网络提取的特征应用于机器人闭环检测问题，该算法采用的是在 ImageNet 数据集上训练的 Overfeat 网络，实验结果表明在对象侧重（Object-cnetric）的数据集（ImageNet）上训练的卷积神经网络可以很好地完成分类任务，但并不一定适用于识别任务；Hou 等[19]采用在 Places 数据集上训练的 VGG11 模型[20]进行视觉闭环检测，需要指出的是，Places 数据集是一个场景侧重（Scene-centric）的大规模数据集，实验结果表明场景侧重的数据集更适用于识别任务，能够有效解决移动机器人的视觉闭环检测问题。

现有研究表明，不同层次的卷积神经网络特征包含有不同的图像信息，其中高层次的卷积神经网络特征包含更多的语义信息，可以很好地应对视角的变化，而中层次的卷积神经网络特征则包含一定的场景空间几何信息，能够克服光照变化的影响。为了充分利用上述不同层次卷积神经网络提取的图像特征，本章提出了一种基于多层次卷积神经网络的视觉闭环检测算法[21]，该算法充分利用中层次和高层次卷积神经网络特征对图像进行表达和相似性度量，有效提高了闭环检测算法在图像拍摄视角和光照变化场景下的精度和鲁棒性，通过进一步设计图像动态干扰语义滤波机制，有效消去或减小了行人、车辆等动态因素造成的影响。

6.2 算法整体框架

本章所提基于多层次卷积神经网络的视觉闭环检测算法总体流程图如图 6-1 所示，其核心思想是从场景识别的角度来解决闭环检测问题，即把选取的图像数据集视为关键帧的集合，并通过计算数据集中每一帧图像与其他图像的相似度大小，达到场景识别和闭环检测的目的。

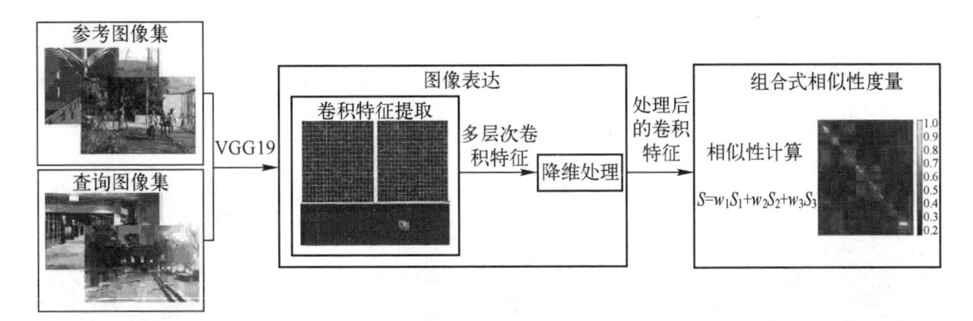

图 6-1　基于多层次卷积神经网络的视觉闭环检测算法流程图

如图 6-1 所示，本章所提算法首先利用训练好的 VGG19 网络[20]作为特征提取器，图 6-2 给出了部分网络层提取特征的可视化效果图。从图中可以看出，随着网络的不断加深其提取的特征越来越抽象。表 6-1 进一步给出了本章算法所用 VGG19 网络的网络结构，该网络所有卷积层均使用 3×3 大小的卷积核，且共包含 5 个卷积模块和 3 个全连接模块。

表 6-1　本章算法所用 VGG19 网络结构表

Number	Layer	Dimension	Number	Layer	Dimension
1	conv1_1	3211264	13	conv4_2	401408
2	conv1_2	3211264	14	conv4_3	401408
3	pool1	802816	15	conv4_4	401408
4	conv2_1	1605632	16	pool4	100352
5	conv2_1	1605632	17	conv5_1	100352
6	pool2	401408	18	conv5_2	100352
7	conv3_1	802816	19	conv5_3	100352
8	conv3_2	802816	20	conv5_4	100352
9	conv3_3	802816	21	pool5	25088
10	conv3_4	802816	22	fc1	4096
11	pool3	200704	23	fc2	4096
12	conv4_1	401408	24	fc3	1000

1. 5 个卷积模块

5 个卷积模块中，前 2 个卷积模块包含 2 个卷积层、2 个 ReLU 层和 1 个最大池化层，而后 3 个卷积模块包含 4 个卷积层、4 个 ReLU 层和 1 个最大池化层，最大池化层在对卷积网络特征进行降维的同时，可有效保持特征位置和旋转的不变性，并进一步减小模型的参数数量。

2. 3个全连接模块

3个全连接模块中，前2个全连接模块包含1个全连接层、1个ReLU层和1个dropout层，而最后1个全连接模块只包含1个全连接输出层。

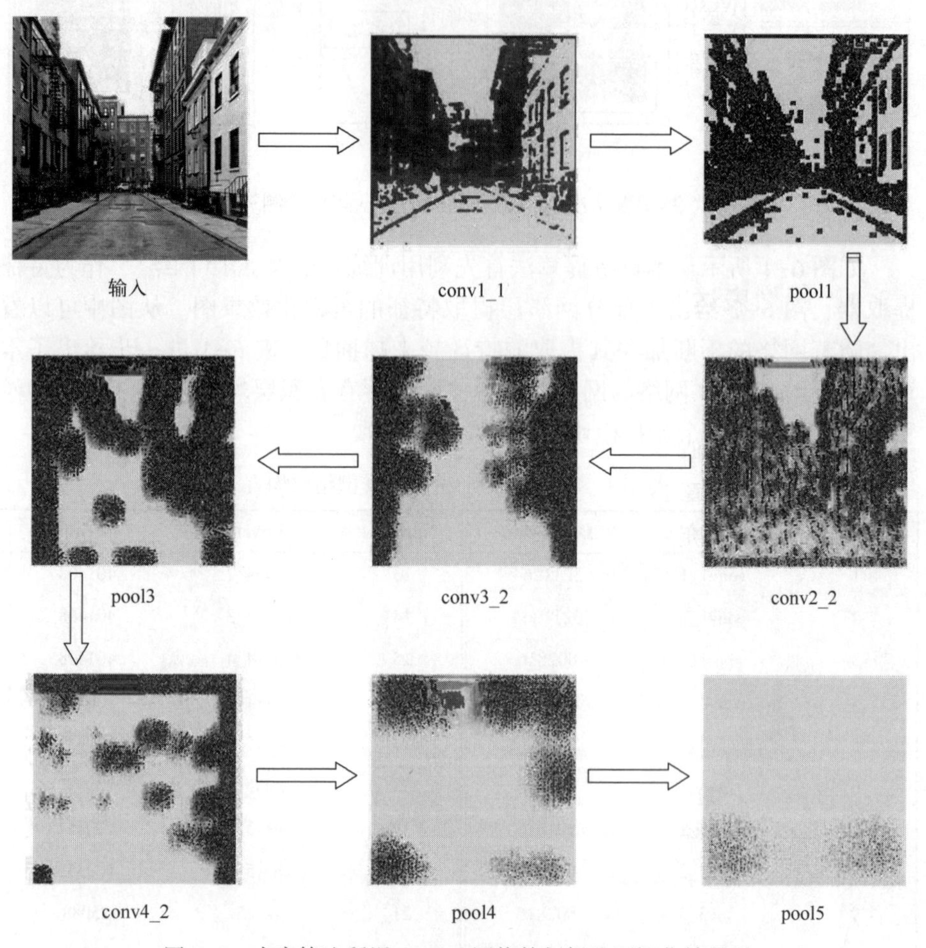

图6-2　本章算法所用VGG19网络特征提取可视化效果图

在利用VGG19网络得到每个隐藏层提取的网络特征之后，本章算法首先选取其中的中高层次卷积特征对图像进行表达，从而使其最大限度地包含

更多的图像信息，同时由于卷积特征维度较大，进一步通过降维处理以提高算法的执行效率；在此基础上，本章算法采用向量余弦对卷积网络特征向量进行组合式相似性度量，以减少本章算法的 计算复杂度；最后针对行人、车辆等动态因素变化较大的场景，本章利用目标检测算法过滤掉图像中的动态干扰因素，然后利用预处理后的图像进行匹配，实现了图像动态干扰因素的语义滤波。

6.3　算法具体实现

6.3.1　图像表达

传统视觉闭环检测算法通常首先将当前帧图像与历史帧图像进行匹配，然后分别提取对应的人工设计特征并转化为特征向量，最后计算特征向量之间的相似度大小，若相似度大于某一预设阈值，则认为存在闭环。相比于传统视觉闭环检测算法，本章算法采用训练好的 VGG19 网络提取图像的不同层次卷积神经网络特征，以充分发挥高层次卷积神经网络特征和中层次卷积神经网络特征的优势，有效应对图像视角变化、光照变化等不同情况。然而如表 6-1 所示，通常卷积神经网络的各层输出维度都比较大，若直接作为特征向量进行相似性计算则会非常耗时，为此需要进行降维处理[22]。

本章算法采用文献 [23] 所提出的局部敏感哈希 (locality-sensitive hash, LSH) 算法对多层次卷积神经网络特征向量进行降维，该方法采用随机超平面产生 LSH 函数。在 Sünderhau 等[24]的研究中，已经证明了相比于采用原卷积特征进行匹配的方式，使用该降维方法可在略微损失检测精度的情况下大大减小相似性度量的计算量，并提高检测速度。若设 I 表示某帧图像，d 表示向量的维度，则图像 I 第 l 层网络提取的卷积特征向量 $\boldsymbol{V}_l(I)$ 可表示为

$$\boldsymbol{V}_l(I)=(v_1^l,v_2^l,\cdots,v_d^l)\in\Re^d \tag{6-1}$$

针对上述卷积特征向量，可定义 Hash 函数为

$$h_r(u)=\begin{cases}1,\boldsymbol{r}\cdot\boldsymbol{v}\geqslant 0\\0,\boldsymbol{r}\cdot\boldsymbol{v}<0\end{cases} \tag{6-2}$$

式中：$\boldsymbol{r}$ 表示从 d 维向量空间生成的单位长度球对称随机向量；$\boldsymbol{v}$ 表示卷积特征向量。在本章具体算法中，我们定义 k 个随机向量 $\boldsymbol{r}$ 实现对卷积特征向量的降维处理，此时卷积向量可用长度为 k 的向量表示。

6.3.2 组合式相似性度量

目前常用的卷积神经网络特征向量相似性度量方法包括欧氏距离和向量余弦两种。其中：欧氏距离是最常见的距离度量方式，主要用于衡量多维向量空间中两点之间的绝对距离；而向量余弦则采用两个向量夹角的余弦值度量其差异大小，且相比于欧氏距离，向量余弦更加注重两个向量在方向上的差异，而不是在距离或长度上的差异[25]。考虑到在使用欧氏距离进行相似度计算时，需要对特征向量进行归一化操作，本章算法选择向量余弦作为相似性度量的标准，以有效减少计算复杂度，如下式所示：

$$\cos(\theta(\boldsymbol{u},\boldsymbol{v}))=\frac{\boldsymbol{u}\cdot\boldsymbol{v}}{\sqrt{\|\boldsymbol{u}\|\|\boldsymbol{v}\|}} \tag{6-3}$$

式中：$\boldsymbol{u}$ 和 $\boldsymbol{v}$ 为两个卷积特征向量；$\theta(\boldsymbol{u},\boldsymbol{v})$ 为二者之间的夹角。

若设 $P_r[h_r(\boldsymbol{u})=h_r(\boldsymbol{v})]$ 表示两卷积特征向量 $\boldsymbol{u}$ 和 $\boldsymbol{v}$ 相同的概率，则有

$$P_r[h_r(\boldsymbol{u})=h_r(\boldsymbol{v})]=1-\frac{\theta(\boldsymbol{u},\boldsymbol{v})}{\pi} \tag{6-4}$$

若设 $\mathrm{sim}(\boldsymbol{u},\boldsymbol{v})$ 表示两卷积特征向量 $\boldsymbol{u}$ 和 $\boldsymbol{v}$ 之间余弦相似度的大小，则由公式（6-4）可得

$$\mathrm{sim}(\boldsymbol{u},\boldsymbol{v})=\cos(\theta(\boldsymbol{u},\boldsymbol{v}))=\cos((1-P_r[h_r(\boldsymbol{u})=h_r(\boldsymbol{v})])\pi) \tag{6-5}$$

本章算法在具体实现过程中，选取 pool3、pool5、fc1 等多层次的卷积网络特征进行相似度计算，如下式所示：

$$S=w_1S_1+w_2S_2+w_3S_3 \tag{6-6}$$

式中：S_1、S_2和 S_3分别为利用 pool3、pool5、fc1 层卷积特征计算得到的相似性得分；w_1、w_2和 w_3分别为其对应的权重，且满足 $w_1+w_2+w_3=1$。

6.3.3 动态干扰语义滤波

利用上述方法即可实现一般场景下的视觉闭环检测，然而某些情况下环境中的动态干扰因素会导致本章所提视觉闭环检测算法难以发挥最优的性能。如图 6-3 所示，不同时刻同一地点的行人、车辆等环境中的动态因素往往变化很大，并且图像中的运动物体占据了整幅图像相当大的一部分，导致遮挡了环境中静态的场景信息，由此形成的动态干扰因素会对视觉闭环检测产生很大影响。

图 6-3　动态干扰因素示例（同一地点不同时间拍摄图像）

为有效解决上述问题，本章提出了一种基于语义滤波的图像动态干扰因素滤除机制，用于过滤掉图像中的动态物体，从而形成纯粹的静态场景图像用于视觉闭环检测。所提出的图像动态干扰语义滤波机制采用改进后的 YOLOv2[26] 目标检测算法实现，不同于以往基于候选区域和深度卷积神经网络的目标检测算法，该算法需要首先采用启发式方法获得候选区域，然后利用候选区域提取的卷积特征进行目标的类别分类和位置回归。需要指出的是，YOLO 系列算法利用回归的思想直接从整幅图像预测目标类别和目标边界框，可以精确检测图像中的动态物体，并且检测速度非常快，而 YOLOv2 算法是在 YOLOv1 算法的基础上进行了改进，通过设计新的网络结构 DarkNet-19，从而在保证原有检测速度的前提下，进一步提高了检测准确率。

改进后的 YOLOv2 目标检测算法能够检测出多种类别目标，而在本章算法视觉闭环检测应用中，只需要检测到人、车辆、动物等移动物体，而对于所存在的一些静态场景物体则无需进行过滤。图 6-4 给出了部分结果示例，图中使用不同颜色和不同大小的方框来标识不同种类的不同目标，其中第一行图像为利用改进后 YOLOv2 算法的目标检测结果，第二行图像则为采用本节所述滤波机制进行图像剪裁后的效果图。

图 6-4　YOLOv2 算法动态目标检测结果示例

综合上述步骤可得基于动态干扰语义滤波机制的闭环检测算法流程图，如图 6-5 所示。首先使用 YOLOv2 算法进行动态目标检测并过滤掉图像中大部分的非场景动态干扰因素，然后将通过裁剪获得的纯静态场景图像输入卷积神经网络，并提取高层次和中层次卷积神经网络特征，最后在闭环检测模块通过组合式相似性度量进行特征匹配。需要指出的是，在图 6-5 所示图像预处理模

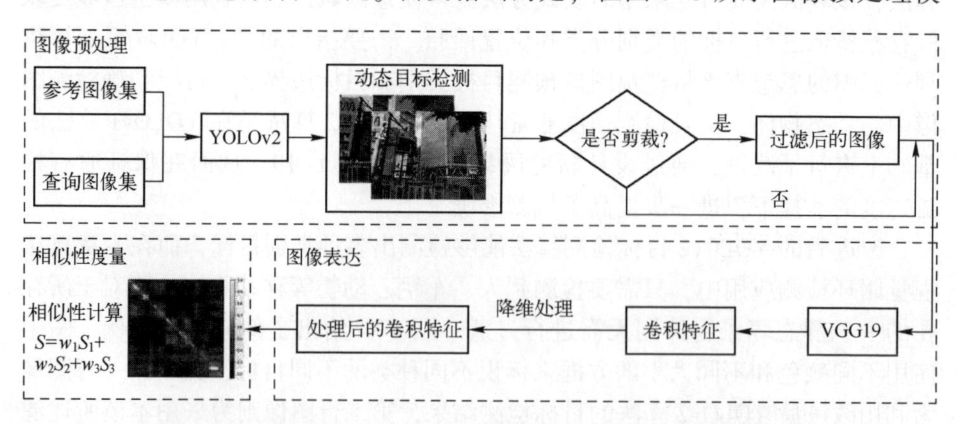

图 6-5　基于图像动态干扰语义滤波机制的闭环检测算法流程图

块中，若检测到的图像中动态干扰因素所占比例大于一定阈值，即 $S_d/S_p>\alpha$（S_d、S_p分别表示动态干扰因素面积和图像总面积，α 为某一预先设定阈值），则执行图像剪裁，否则不进行处理。

6.4　实验结果及其分析

为验证本章所提基于多层次卷积神经网络视觉闭环检测算法的有效性和优越性，选用 Gardens Point 和 Tokyo24/7 两个公开数据集[27]进行实验验证。其中：Gardens Point 数据集主要用于在光照和图像拍摄视角发生变化的情况下，将本章所提算法与其他单层卷积神经网络闭环检测算法进行对比分析；Tokyo24/7 数据集由于图像中动态干扰因素较多，因此重点验证本章所提动态干扰语义滤波机制的有效性。

6.4.1　闭环检测评价标准

本章算法采用常用的准确率—召回率曲线（precision-recall curve，P-R 曲线）作为评价标准，其中准确率表示在所有检测出的闭环中检测正确的闭环所占的比例，而召回率则表示在所有真实闭环中检测正确的闭环所占的比例。具体计算公式如下式所示：

$$\begin{cases} P=\dfrac{\mathrm{TP}}{\mathrm{TP}+\mathrm{FP}} \\ R=\dfrac{\mathrm{TP}}{\mathrm{TP}+\mathrm{FN}} \end{cases} \tag{6-7}$$

式中：P 和 R 分别表示准确率和召回率；TP（true positive）表示检测出的正确闭环数目；FP（false positive）表示检测出的错误闭环数目；FN（false negative）表示未检测出的正确闭环数目。

6.4.2　Gardens Point 数据集视觉闭环检测对比实验

首先使用 Gardens Point 数据集对所提出的融合多层次卷积神经网络特征的闭环检测算法进行测试，该数据集在昆士兰大学校园采集，采集的图像具有复杂的拍摄视角变化和光照变化，非常适于对闭环检测算法进行性能测试。该数据集包括两个白天和一个晚上共三个子数据集，每个子数据集中均有 200 幅图像，其示例图像如图 6-6 所示。其中：两个白天的子数据集分别在人行道的左侧和右侧拍摄，分别将其标记为 day_left 和 day_right；而晚上的子数据集则在人行道的右侧采集，记为 night_right。

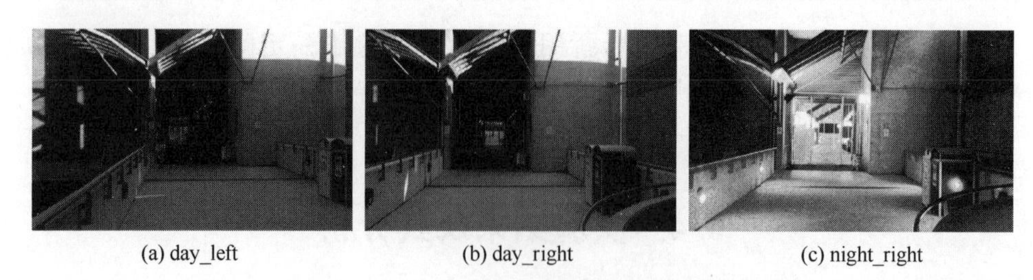

(a) day_left (b) day_right (c) night_right

图 6-6 Gardens Point 数据集示例图像

对于 Gardens Point 数据集，利用 6.3 节所述算法进行图像表达和相似性度量，并基于所有图像对之间的相似性得分构建相似矩阵 $\boldsymbol{S}$。为更加直观地展示本章所提算法的优越性，对数据集图像间的相似矩阵 $\boldsymbol{S}$ 进行可视化，利用不同卷积层特征得到的相似性矩阵可视化结果如图 6-7 所示，图中越明亮的区域表示图像的相似度越高。从实验结果可以看出，利用多层次卷积神经网络特征进行检测的效果明显好于利用单层卷积特征的方式。

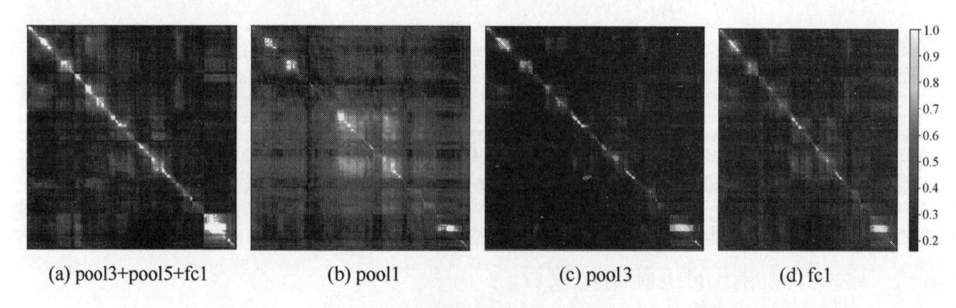

(a) pool3+pool5+fc1 (b) pool1 (c) pool3 (d) fc1

图 6-7 Gardens Point 数据集相似性矩阵可视化结果图

此外，通过在实验中设定匹配阈值，当相似性得分大于该阈值时则认为检测到匹配图像，通过扫描此阈值便可得到 P-R 曲线，实验结果如图 6-8 所示。从图中可以看出：

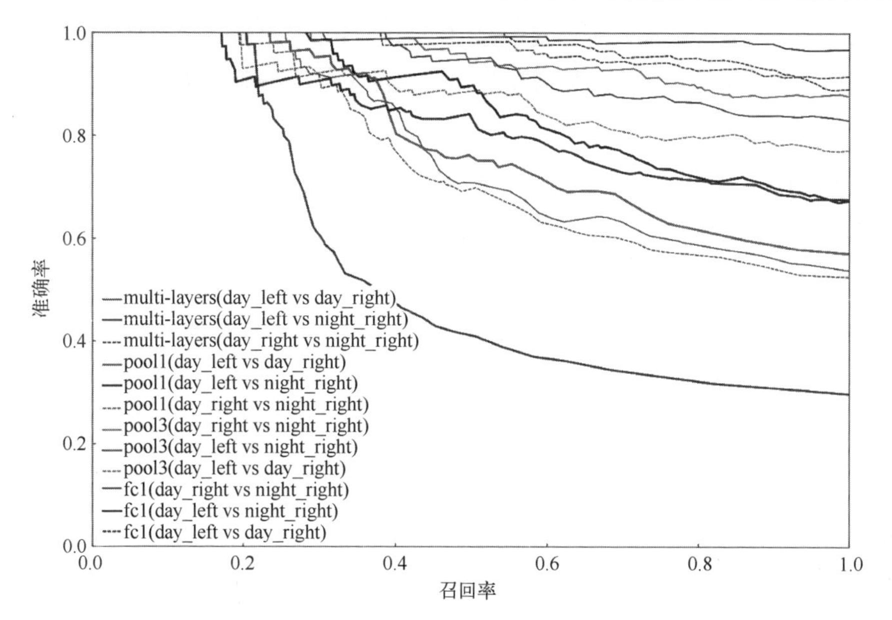

图 6-8　Gardens Point 数据集准确率-召回率曲线图

（1）融合多层次卷积神经网络特征（pool3、poo5 和 fc1）的视觉闭环检测算法（图 6-8 中黑色曲线）明显好于采用单层卷积神经网络特征的方法，在相同召回率下其准确率更高，并且当召回率很大时仍然可以保持较高的准确率。

（2）高层次卷积神经网络特征 fc1 包含更多的语义信息，在图像拍摄视角发生变化时具有较好的鲁棒性（图 6-8 中蓝色虚线），而当环境光照发生变化时效果较差（图 6-8 中蓝色细线）。

（3）中层次卷积神经网络特征 pool3 包含更多的边缘轮廓等空间信息，可应对环境光照的复杂变化（图 6-8 中红色细线），而在图像拍摄视角发生变化时效果较差（图 6-8 中红色虚线）。

（4）低层次卷积神经网络特征 pool1 仅包含一些图像的浅层信息，在图像拍摄视角、光照等发生变化时闭环检测效果很差（图 6-8 中绿色曲线），特别是在两者均发生变化的情况下效果更差（图 6-8 中绿色粗线）。

综合上述分析，本章所提基于多层次卷积神经网络特征的视觉闭环检测算法在环境光照变化和图像拍摄视角变化的情况下检测准确率更高，并且具有很好的鲁棒性。

6.4.3 Tokyo24/7 数据集视觉闭环检测对比实验

为验证本章所提图像动态干扰语义滤波机制的有效性，选取 Tokyo24/7 数据集进行对比实验，该数据集中多数图像在人流和车辆较多的城市街道采集（图 6-3），非常适合于对所提动态干扰语义滤波机制的性能进行验证。Tokyo24/7 数据集共包含 3 个子数据集，且每个子数据集均含有 375 幅图像，分别是在同一地点不同时间（白天、傍晚和晚上）、不同角度拍摄的图像，将其分别标记为 daytime、sunset 和 night。在该数据集上进行对比实验的结果如图 6-9 所示，图中 Filter_CNN 表示添加图像动态干扰语义滤波机制后的视觉闭环检测实验结果，CNN 则表示未添加图像动态干扰语义滤波机制的视觉闭

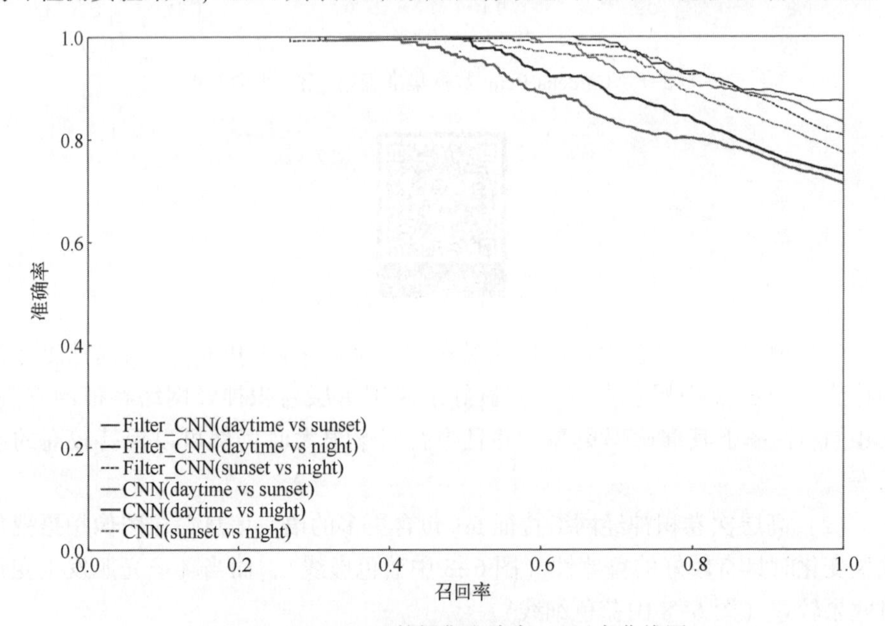

图 6-9 Tokyo24/7 数据集准确率-召回率曲线图

环检测实验结果。从图 6-9 中可以看出，在每个子数据集实验中，Filter_CNN 实验结果（图 6-9 中黑色曲线）均优于 CNN 算法（图 6-9 中红色曲线），即在相同召回率的情况下 Filter_CNN 具有更高的准确率，表明本章所提动态干扰语义滤波机制能够得到较纯净的没有非场景因素干扰的静态背景图像，有效提高了视觉闭环检测算法的性能。

参考文献

[1] 鲍振强，李爱华．基于深度学习的移动机器人视觉 SLAM 算法研究［D］．西安：火箭军工程大学，2018.

[2] 胡章芳，曾念文，罗元，等．基于原图-光照不变图视觉词典改进的闭环检测方法［J］．电子科技大学学报，2021，50（4）：586-591.

[3] Savchenko A，Demochkin K，Grechikhin I. Preference prediction based on a photo gallery analysis with scene recognition and object detection［J］. Pattern Recognition，2022，121：108248.

[4] Peng Y，Liu X，Wang C，et al. Fusing attention features and contextual information for scene recognition［J］. International Journal of Pattern Recognition and Artificial Intelligence，2022，36（3）：2250014.

[5] Mur-Artal R，Tardos J. ORB-SLAM2：An open source SLAM system for monocular，stereo，and RGB-D cameras［J］. IEEE Transactions on Robotics，2016，99：1-8.

[6] Fu Q，Yu H，Wang X，et al. Fast ORB-SLAM without keypoint descriptors［J］. IEEE Transactions on Image Processing，2022，31（11）：1433-1446.

[7] Lowe D. Distinctive image features from scale invariant keypoints［J］. International Journal of Computer Vision，2004，60（2）：91-110.

[8] 苗延超，刘晶红，刘成龙，等．基于改进 OS-SIFT 的可见光与 SAR 图像自动配准［J］．激光与光电子学进展，2022，59（2）：1-8.

[9] Bay H，Tuytelaars T，Gool L. SURF：Speeded up robust features［C］. European Conference on Computer Vision，2006：404-417.

[10] George J. Leaf identification using harris corner detection，SURF feature and FLANN matcher［J］. International Journal of Innovative Technology and Exploring Engineering，2021，8（11）：1-8.

[11] Oliva A，Torralba A. Modeling the shape of the scene：A holistic representation of the spatial envelope［J］. International Journal of Computer Vision，2001，42（3）：27-42.

[12] Naeem H，Bin-Salem A. A CNN-LSTM network with multi-level feature extraction-based approach for automated detection of coronavirus from CT scan and X-ray images［J］. Applied soft computing，2021，113：107918. 1-107918. 16.

[13] 张明华，牛玉莹，杜艳玲，等．基于残差 3DCNN 和三维 Gabor 滤波器的高光谱图像分类 [J]. 图学学报，2021，27（5）：729-737.

[14] 李彦冬，雷航，郝宗波，等．基于多尺度显著区域特征学习的场景识别 [J]. 电子科技大学学报，2017，46（3）：600-605.

[15] Krizhevsky A，Sutskever I，Hinton G. Imagenet classification with deep convolutional neural networks [C]. International Conference on Neural Information Processing Systems，2012：1097-1105.

[16] Zheng X，Gong T，Li X，et al. Generalized scene classification from small-scale datasets with multitask learning [J]. IEEE Transactions on Geoscience and Remote Sensing，2022，60：1-11.

[17] Zhou B，Lapedriza A，Xiao J，et al. Learning deep features for scene recognition using places database [C]. International Conference on Neural Information Processing Systems，2014：487-495.

[18] Chen Z，Lam O，Jacobson A，et al. Convolutionalneural network-based place recognition [J]. arXiv：12069. 1226v2.

[19] Hou Y，Zhang H，Zhou S. Convolutional neural network based image representation for visual loop closure detection [C]. IEEE International Conference on Information and Automation，2015：2238-2245.

[20] Simonyan K，Zisserman A. Very deep convolutional networks for large-scale image recognition [J]. arXiv：1409. 1556v6.

[21] 鲍振强，李艾华，崔智高，等．融合多层次卷积神经网络特征的闭环检测算法 [J]. 激光与光电子学进展，2018，19（11）：369-375.

[22] 韩敏，李宇，韩冰．基于改进结构保持数据降维方法的故障诊断研究 [J]. 自动化学报，2021，47（2）：338-348.

[23] Charikar M. Similarity estimation techniques from rounding algorithms [C]. Thiry-Fourth ACM Symposium on Theory of Computing，2002：380-388.

[24] Sünderhauf N，Shirazi S，Dayoub F，et al. On the performance of ConvNet features for place recognition [C]. International Conference on Intelligent Robots and Systems，2015：4297-4304.

[25] Rinanto N，Kuo C. PCA-ANN contactless multimodality sensors for body temperature estimation [J]. IEEE Transactions on Instrumentation and Measurement，2021，70：2514416. 1-2514416. 16.

[26] Redmon J，Farhadi A. YOLO9000：Better，faster，stronger [C]. IEEE Conference on Computer Vision and Pattern Recognition，2017：6517-6525.

[27] Torii A，Arandjelovic R，Sivic J，et al. 24/7 place recognition by view synthesis [C]. IEEE Conference on Computer Vision and Pattern Recognition，2015：1808-1817.

第7章 基于运动显著特性的运动目标分割算法

7.1 引　言

本书第2~6章围绕移动机器人视觉SLAM问题，利用机器人搭载的视觉传感器提出了多种视觉定位与闭环检测算法，实验结果表明所提算法能够有效实现机器人本体的定位以及环境地图的构建，从而使移动机器人能够实时感知自身所处的位置和周围的环境。除视觉导航定位功能以外，移动机器人搭载视觉传感器的另一个主要功能是视觉智能分析，即利用图像预处理、运动目标分割、目标行为识别等智能分析技术[1-3]，对巡检巡查过程中发现的可疑人员和目标进行自动判断和报警，从而实现机器人的自主和智能视觉感知。

在上文所述智能分析技术中，运动目标分割通过获取某类目标在图像或视频中的像素位置或存在区域，为后续目标跟踪、行为识别等提供输入或先验，因此运动目标分割技术是移动机器人智能视觉分析领域的研究热点和难点[4-6]。运动目标分割常用的一些经典方法包括帧差法[7]、混合高斯模型[8]、基于核密度估计的自适应背景模型[9]、隐马尔可夫背景模型[10]等，虽能很好地处理摄像机静止以及摄像机轻微晃动下的情形，但在摄像机发生较大平移、旋转或光心运动的复杂场景中，由于不同时刻同一背景图像坐标像素点不再严格对应三维空间的同一位置[11-12]，导致上述经典方法无法适用，因此复杂动态场景的运动分割是当前研究的重点和难点问题。

为了实现上述复杂场景下的运动目标分割，很多学者采用补偿差分的策略，此类方法的关键是如何准确估计和补偿相邻帧的背景运动参数，从而消除复杂背景运动给目标分割带来的影响。陆军等[13]采用块匹配算法[14]对背景运动进行估计，实现了一套基于背景运动补偿差分的运动目标分割和跟踪系统，然而上述方法仅适用于摄像机微小平移和旋转的情况，对于摄像机光心变化较大的场合无法适用；Araki等[15]首先将背景运动建模为六参数的仿射模型，然后利用角点特征匹配算法对复杂背景运动进行估计，最后通过前后多帧的差分图像分割出运动物体，然而现有的角点匹配算法受角点提取误差和环境变化影响较大，从而导致该算法的稳定性较差；Suhr等[16]采用了相似的思路，不同之处在于将背景运动建模为三参数的相似变换，因此可通过提取水平和垂直两方向上的图像局部极大值和极小值来估计模型参数，从而解决了角点匹配算法对环境适应性较差的问题。除此之外，上述复杂场景下运动目标分割的另一种解决思路是利用视频序列中提取的特征点运动轨迹：Dey等[17]利用视频序列独立提取和跟踪的特征点运动轨迹[18]，提出了一种基于基础矩阵约束的运动目标分割算法，然而该算法仅实现了特征运动轨迹的准确分类，并未实现最终像素一级的运动目标分割；Cui等[19]构造了包含目标运动轨迹和背景运动轨迹的轨迹矩阵，并通过低秩约束[20]和组稀疏约束实现了运动目标分割，在动态背景视频序列中取得了较好的实验效果，但其实现过程需要矩阵分解和迭代运算，复杂性较高；Kwak等[21]通过非参数置信传播估计前背景特征轨迹满足的运动模型，并通过贝叶斯滤波完成模型的传播[22]，算法能够减小噪声和不完整特征轨迹造成的影响，但对于前背景颜色相近的区域分割效果不理想。

针对上述方法的局限性，本章提出了一种基于运动显著特性的运动目标分割算法[23]。该算法首先基于运动显著图提取运动目标的大致区域，然后借助邻近帧之间的光流场获得运动目标和背景区域的运动边界，并利用运动边界对运动显著图进行分析，从而得到运动目标内部精确的像素点，最后通过过分割技术获取图像超像素，并通过引入置信度的概念和建立包含多种信息的表观模型实现最终像素一级的运动目标分割。本章算法在多组公开发布的视频序列中进行测试，并通过与现有方法的比较验证了本章方法的有效性和优越性。

7.2 算法具体实现

7.2.1 基于灰度投影的运动显著图获取

运动显著性是由视觉敏感特征引起的一种局部反差，反差越明显，其显著性越强，而运动显著图则是反映场景图像中各个位置运动显著性的一幅二维图像[24]。考虑到运动目标区域与背景区域在运动方面的差异性，本章首先采用运动显著图来获取运动目标的大致区域，其核心思想是在水平和垂直两个方向上对图像像素的灰度值进行投影，从而把二维图像转换为两条一维特性曲线，然后对邻近帧图像的特性曲线进行相关计算，得到邻近帧图像之间的运动平移量。设 $P_t(i,j)$ 为第 t 帧图像中位置为 (i,j) 处的像素值，那么该帧图像在 x 和 y 方向的特征曲线 Q_t^x 和 $\boldsymbol{Q}_t^y$ 可表示为

$$Q_t^x(j)=\frac{1}{H}\sum_{i=1}^{H}P_t(i,j),\quad j\in[1,W] \tag{7-1}$$

$$Q_t^y(i)=\frac{1}{W}\sum_{j=1}^{W}P_t(i,j),\quad i\in[1,H] \tag{7-2}$$

式中：W 和 H 分别表示当前帧图像的宽度和高度。为了准确估计邻近帧图像在 x 和 y 方向上的平移量 dx 和 dy，按下式计算匹配度量函数：

$$R_x(dx)=\frac{1}{1+\sum_{j}\left|Q_t^x(j)-Q_{t-l}^x(j+dx)\right|} \tag{7-3}$$

$$R_y(dy)=\frac{1}{1+\sum_{i}\left|Q_t^y(i)-Q_{t-l}^y(i+dy)\right|} \tag{7-4}$$

式中：l 为邻近帧图像之间的间隔帧数。显然在邻近帧图像中，由于大部分图像内容是相同的，因此其特性曲线基本相似，但摄像机运动使图像发生了整体移动，导致其对应的特性曲线产生平移，并且当平移量估计正确时，特性曲线的匹配度量函数应取得最大值。综合上述分析，可计算得到平移量的估计值 $\hat{d}x$ 和 $\hat{d}y$：

$$\hat{d}x=\arg\max_{dx}R_x(dx) \tag{7-5}$$

$$\hat{d}y=\arg\max_{dy}R_y(dy) \tag{7-6}$$

根据上述平移量的估计值，可计算得到第 t 帧图像的运动显著图 $S_t(i,j)$：

$$S_t(i,j)=\left|P_t(i,j)-P_{t-l}(i-\hat{d}y,j-\hat{d}x)\right| \tag{7-7}$$

图 7-1 给出了一个运动显著图估计的具体实例，其中第 1 列为 dog 视频序列[25]的一帧原始图像，第 2 列为该帧图像对应的运动显著图。图中灰度值越接近 1，表示其运动显著性越明显，即越可能是运动目标；而灰度值越接近 0，则表示其为背景像素的可能性越大。

7.2.2　基于光流向量的目标像素点计算

在 7.2.1 节所述运动显著图估计中，可以设定一个适当的阈值，将运动显著性大于该阈值的像素判断为运动目标，然而在实际应用中，图像噪声、平移估计误差等多种因素的影响会导致运动显著图在运动目标附近的背景区

域具有较低的准确率，因此若将阈值设置得较小，会将大量背景区域误分类为运动目标，而将阈值设置过大，则将会导致运动目标分割不完整。为解决上述问题，本节首先借助邻近帧之间的光流场获得运动目标和背景区域的运动边界，然后利用运动边界对运动显著图进行分析，从而得到运动目标内部精确的像素点。

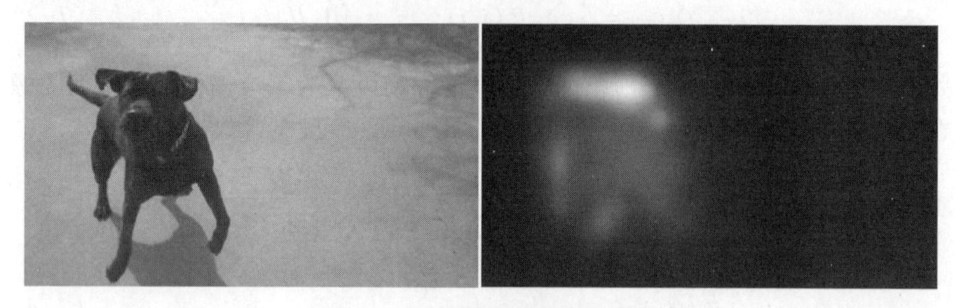

图 7-1　运动显著图结果示例

本章算法利用 Brox 等[26]提出的算法计算邻近 l 帧图像之间的光流场，此时获得的光流场可分为背景光流场和运动目标光流场两类，并且二者的光流向量存在较大差异，因此可通过光流向量的对比分析得到二者的运动边界。设 $F_t(i,j)$ 为第 t 帧图像位置为 (i,j) 处的光流向量，$\|\nabla\overrightarrow{F_t(i,j)}\|$ 为其对应的光流梯度幅值，则可得到一个边界强度系数 $B_t(i,j)\in[0,1]$：

$$B_t(i,j)=1-\exp(-\lambda\|\nabla\overrightarrow{F_t(i,j)}\|) \tag{7-8}$$

式中：λ 为将边界强度系数 $B_t(i,j)$ 控制在 0~1 的参数。由于运动目标与背景区域边界处的光流向量梯度幅值差异较大，因此可将强度系数 $B_t(i,j)$ 较大的像素点确定为二者的运动边界。在得到运动目标和背景区域的大致边界后，进一步计算运动显著图中像素与运动边界的交点，并通过判断点在多边形内部的方法[27]得到运动目标内部精确的像素点。具体做法是：

步骤 1，对视频序列的每帧图像，利用 7.2.1 节步骤得到运动显著图，通过设定一个较小阈值 T_1 得到大致的运动目标区域 $\hat{S}_t$；

步骤 2，利用式（7-8）得到该帧图像对应的边界强度系数，同样通过设

定一个较小阈值 T_2 得到运动目标和背景区域的大致运动边界 $\hat{B}_t$；

步骤 3，将 $\hat{S}_t$ 中的每个像素点向上、下、左、右四个方向引出射线，并计算每条射线与运动边界 $\hat{B}_t$ 的交点数目，若交点数目为奇数，则判断该点在运动边界 $\hat{B}_t$ 内部，否则判断该点在运动边界 $\hat{B}_t$ 外部；

步骤 4，统计 $\hat{S}_t$ 中每个像素 4 个方向引出射线与运动边界交点为奇数的射线数目，若超过 2 个，则认为该点属于运动目标内部的像素点。

将上述方法应用到图 7-1 所示图像中，得到图 7-2 所示结果，其中第 1 列为运动目标和背景区域的运动边界，第 2 列为其对应的目标内部像素点，其中目标内部像素点以白色菱形显示。

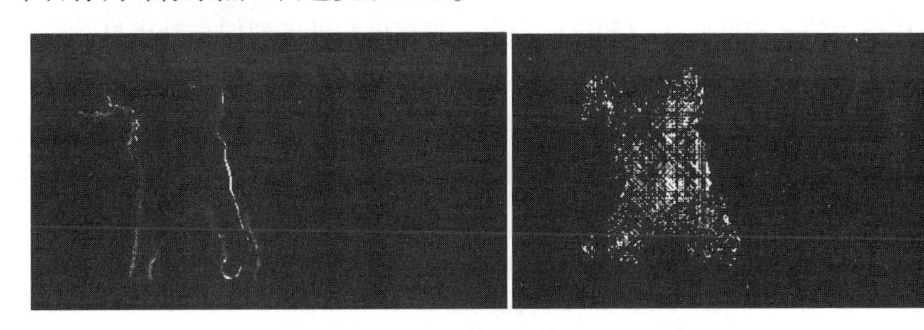

图 7-2　运动边界与目标像素点计算结果示例

7.2.3　基于置信度的超像素分类

由于运动显著图和运动边界的估计均有一定误差，因此通过上述步骤获得的目标内部像素点较稀疏，一般只占目标真实像素数目的 20%左右。为了进一步获得完整的运动目标分割结果，本节以超像素为基本分割单元，通过引入置信度的概念实现超像素的分类。

首先利用 SLIC 算法[28]获得视频序列的超像素集合。该算法利用像素的颜色相似度和图像平面空间对像素进行聚类，生成的超像素具有较好的紧凑性和边界贴合度，并且超像素大小一致、形状均匀，非常适合作为运动目标分割的基本单元。设第 t 帧图像获得的超像素集合为 V_t，则本节的目标就是对每个超

像素 $v_{t,i}$进行分类，即 $v_{t,i} \in \{f,b\}$，其中 f 代表目标超像素，b 代表背景超像素。

然后对置信度较高的超像素进行分类。置信度用于衡量超像素与 7.2.2 节获得的目标内部像素点的符合程度，即如果超像素 $v_{t,i}$ 中包含已获得的目标内部像素点的比例 $h_{t,i}$大于某个大的阈值 T_3，则可认为该超像素具有很高的置信度属于运动目标，同理若 $h_{t,i}$小于某个小的阈值 T_4，则可认为该超像素具有很高的置信度属于背景，从而可将置信度较高的超像素分类为目标超像素和背景超像素，如下式所示：

$$v_{t,i} \in \begin{cases} f, h_{t,i} \geqslant T_3 \\ b, h_{t,i} \leqslant T_4 \end{cases} \tag{7-9}$$

最后对置信度较低的超像素进行分类。置信度较低的超像素是指目标内部像素点的比例 $h_{t,i}$介于阈值 T_3和 T_4之间的歧义超像素。为了对这些超像素进行分类，本章算法从置信度较高超像素中随机抽样 20%的像素点，并以这些点构建运动目标和背景的统计模型，最后通过估计歧义超像素与统计模型的符合程度，实现对置信度较低超像素的分类，如下式所示：

$$A(v_{t,i} \mid c) = \frac{1}{n \cdot |v_{t,i}|} \sum_{k=1}^{n} \sum_{j \in v_{t,i}} \boldsymbol{\kappa}(\boldsymbol{w}_{t,i}^{j}, \boldsymbol{w}_k) \quad c \in \{f,b\} \tag{7-10}$$

式中：$A(v_{t,i} \mid c)$表示歧义超像素 $v_{t,i}$属于背景或运动目标的概率；$|v_{t,i}|$和 n 分别表示歧义超像素中像素点和采样像素点的数目；$\boldsymbol{w}_{t,i}^{j}$和 $\boldsymbol{w}_k$分别表示歧义超像素中像素点和采样像素点的特征向量，本节中每个特征向量包含 7 维特征信息，分别是 RGB 颜色、光流向量和像素位置。

图 7-3 给出了图 7-2 所示图像对应的超像素分类结果，其中超像素之间的边界用黄色线段表示，背景超像素用暗灰色表示，目标超像素则保持原有颜色。

图 7-3　超像素分类的结果示例

7.3 实验结果及其分析

为了测试本章算法在复杂动态场景下运动目标分割的性能，选择多个公开发布的视频序列进行测试，表 7-1 给出了实验所用视频序列的相关信息。所有对比实验参数均设置为 $l=2$，$\lambda=0.71$，$T_1=0.15$，$T_2=0.25$，$T_3=0.3$，$T_4=0.005$，实验中未对帧图像做任何后处理，即直接输出运动目标分割结果。

表 7-1　实验所用视频序列的相关信息

视频序列	来源文献	分辨率	视频长度/帧	视频场景
dog	[25]	225×400	32	室外场景；非刚体目标；目标剧烈形变
cars2	[29]	640×480	30	室外场景；刚体目标；摄像机平移和旋转
cars7	[29]	640×480	24	室外场景；刚体目标；背景变化明显
people2	[29]	640×480	30	室外场景；非刚体目标；目标尺度变化
vperson	[30]	640×480	101	室内场景；非刚体目标；背景与目标颜色相近
vhand	[30]	640×480	401	室内场景；非刚体目标；目标所占比例较大

7.3.1 与特征轨迹方法的对比实验

为了更好地测试本章算法的优越性，选择基于特征点运动轨迹的 3 种算法进行对比实验：基于基础矩阵约束的目标分割算法[17]（MMFM）、基于低秩约束和矩阵分解的目标分割算法[19]（LRSC）和基于非参数置信传播的目标分割算法[21]（BPBF）。3 种对比算法均以视频序列独立提取的运动轨迹作为输入，而本章算法以运动显著图和光流场作为输入。图 7-4 给出了本章算法和 3 种对比算法在 4 组视频序列的实验结果：图中第 1 列为视频序列的一帧原始图像；第 2 列为该帧图像对应的理想分割结果；第 3 列为 MMFM 算法的目标分割结果，其中背景轨迹点和目标轨迹点分别用亮蓝色和粉红色显示；第 4~6 列分别为 LRSC、BPBF 和本章算法的目标分割结果，其中背景像素点用黑色表示，目标像素点则保持原有颜色。

从实验结果可以看出，不同场景下 4 种算法均可以大致分割出运动目标区域，但在分割的准确性上有所差异。对比可以发现，基于基础矩阵约束的目标分割算法 MMFM 只实现了运动轨迹的分类，该结果只占图像像素数目的 6%左右；此外，该方法要求视频序列的运动轨迹等长，因此会在图像边界区域出现分类错误，例如在 vperson 视频序列的边界区域误将背景像素点分类为目标轨迹点，以及在 cars2 视频序列中未分割出图像左边区域的小汽车。基于低秩约束和矩阵分解的目标分割算法 LRSC 同样要求视频序列的运动轨迹等长，因此在图像边界区域出现了大量的误检；除此之外，低秩约束的潜在假设是摄像机采用仿射模型，该假设会导致算法在背景存在较大深度变化时目标分割性能较差，比如在 vperson 视频序列中将大量背景像素点分割为目标像素点。基于非参数置信传播的目标分割算法 BPBF 的分割结果相对完整和准确，但目标的过分割导致边界不清楚，例如在 cars2 和 cars7 视频序列中将车身和阴影融为一体。相比于前 3 种算法，本章算法在综合性能上更为优越，这是由于本章所提算法将基于运动显著图获取的目标区域信息和基于光流向量分析获取的目标边界信息统一考虑，使得在不同场景下得到的目标内部像素点均较为清晰准确，另外本章算法以均匀分割获得的超像素作为基本的分割单元，并通过引入置信度的概念分步实现超像素的分类，从而使得最终的目标分割结果更加完整准确。

为了定量评估上述算法的分割效果，利用广泛使用的查准率 Precision、查全率 Recall 和综合评价指标 F-measure 进行度量，结果如表 7-2 所示。可以看出，不同复杂场景下本章算法的查准率 Precision、查全率 Recall 多数高于其他算法，表明所提算法对前景目标的分割准确性明显提升，综合评价指标值 F-measure 也稳居最高，且达到了 90%以上，更充分说明了本章算法具有非常好的鲁棒性，能够广泛适用于不同复杂场景下的运动目标分割。

表 7-2　与特征轨迹方法的定量比较

Video	Ref. [19]			Ref. [21]			Proposed method		
	Precision	Recall	F-measure	Precision	Recall	F-measure	Precision	Recall	F-measure
dog	0.931	0.905	0.918	0.923	**0.941**	0.932	**0.963**	0.939	**0.951**
cars2	0.864	0.790	0.825	0.828	0.885	0.856	**0.903**	**0.922**	**0.912**
cars7	0.657	**0.986**	0.789	0.843	0.967	0.901	**0.883**	0.972	**0.925**
people2	0.901	**0.912**	0.907	0.854	0.899	0.870	**0.933**	0.903	**0.918**
vperson	0.822	**0.989**	0.898	0.842	0.968	0.901	**0.873**	0.962	**0.915**
vhand	0.818	**0.993**	0.897	0.902	0.991	0.944	**0.946**	0.986	**0.966**

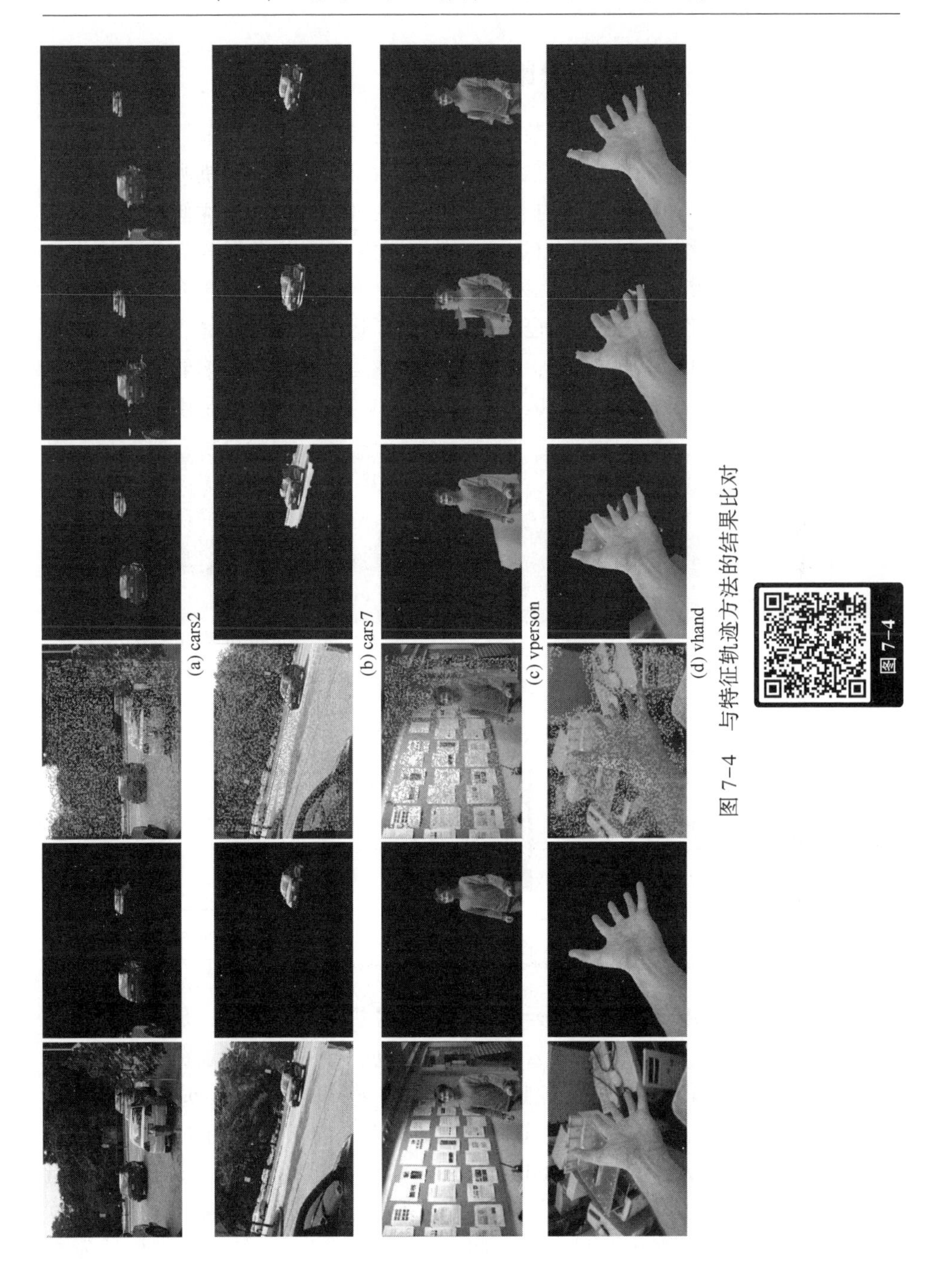

(a) cars2

(b) cars7

(c) vperson

(d) vhand

图 7-4　与特征轨迹方法的结果比对

图 7-4

7.3.2 与背景补偿方法的对比实验

基于背景补偿的方法也是复杂动态背景下运动目标分割的一种重要方法。图 7-5 给出了本章算法和背景补偿方法[16]在 people2 视频序列的目标分割结果对比，图 7-5（a）为视频序列的一帧原始图像，图 7-5（b）为该帧图像对应的理想分割结果，图 7-5（c）、（d）分别为背景补偿方法和本章方法的目标分割结果。从实验结果可以看出，本章方法得到的前景目标准确、清晰、完整，而基于背景补偿的方法虽然也基本分割出了运动目标的主体，但由于该类方法采用了帧间对比差分的思想，因此只能获取运动目标的边缘轮廓信息，在目标的内部出现了很明显的漏检区域。

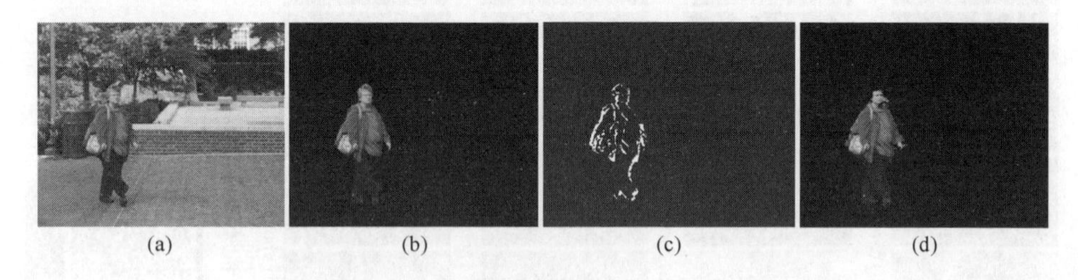

(a) (b) (c) (d)

图 7-5　与背景补偿方法的结果比对

7.3.3 在巡检机器人上的实际应用

巡检机器人系统通常安装有云台可控制摄像机，其作用之一是在自主巡检中发现可运动目标，由于机器人云台的连续运动，导致图像背景在较大范围内发生变化，从而使得运动目标分割的难度加大。将本章所提算法应用到自主研制的巡检机器人中，即可实现动态背景下的运动目标分割。图 7-6 给出了实验所用的巡检机器人，图 7-7 给出了应用本章算法进行运动目标分割的两组实验结果，其中第 1 列为原始图像，第 2 列为理想分割结果，第 3 列为本章算法的目标分割结果，图中背景区域用暗红色显示，运动目标区域则保持原有颜色。

图 7-6　实验所用的巡检机器人

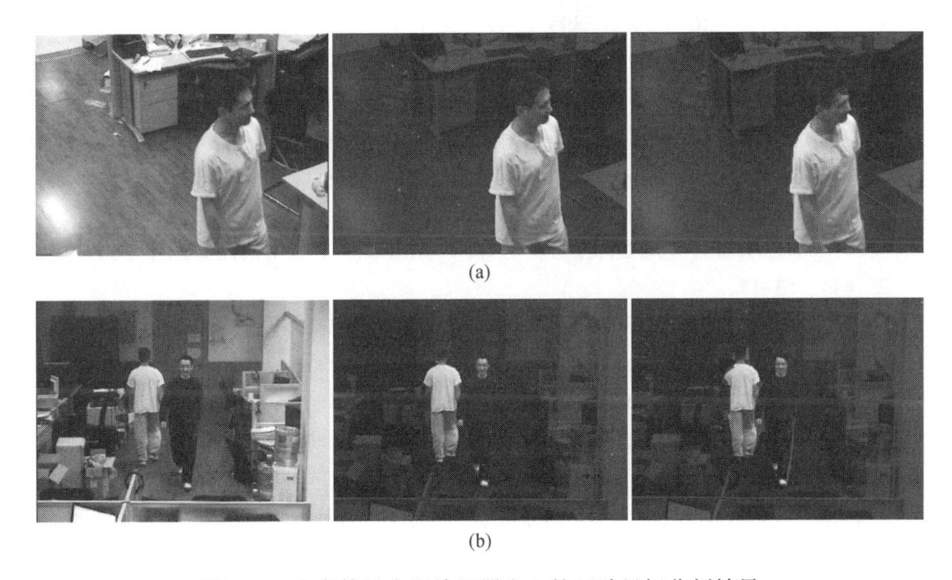

(a)

(b)

图 7-7　本章算法在巡检机器人上的运动目标分割结果

同样使用查准率 Precision、查全率 Recall 和综合评价指标 F-measure 进行度量，结果如表 7-3 所示。可以看出，本章所提算法在巡检机器人平台上的运动目标分割精度达到了 90%以上，进一步验证了本章算法的有效性。

表 7-3　图 7-7 所示视频序列的定量分割结果

Video	Proposed method		
	Precision	Recall	F-measure
图 7-7（a）	0.850	0.999	0.917
图 7-7（b）	0.863	0.980	0.912

参考文献

[1] 张长弓，杨海涛，王晋宇，等. 基于深度学习的视觉单目标跟踪综述 [J]. 计算机应用研究，2021，38（10）：2888-2895.

[2] Li L, Wang K. Research on automatic recognition method of basketball shooting action based on background subtraction method [J]. International Journal of Biometrics, 2022, 14: 318-335.

[3] Hou W, Qin Z, Xi X, et al. Learning disentangled representation for self-supervised video object segmentation [J]. Neurocomputing, 2022, 48 (4): 270-280.

[4] 樊玮，周末，黄睿. 多尺度深度特征融合的变化检测 [J]. 中国图象图形学报，2020，25（4）：10-17.

[5] Wang X. Intelligent multi-camera video surveillance: A review [J]. Pattern Recognition Letters, 2013, 34 (1): 3-19.

[6] Zhou X, Yang C, Yu W. Moving object detection by detecting contiguous outliers in the low-rank representation [J]. IEEE Transactions on Pattern Analysis and Machine Intelligence, 2013, 35 (3): 597-610.

[7] Moscheni F, Bhattacharjee S, Kunt M. Spatio-temporal segmentation based on region merging [J]. IEEE Transaction on Pattern Analysis and Machine Intelligence, 1998, 20 (9): 897-915.

[8] Stauffer C, Grimson W. Adaptive background mixture models for real-time tracking [C]. IEEE Computer Society Conference on Computer Vision and Pattern Recognition, 1999: 246-252.

[9] Elgammal A, Duraiswami R, Harwood D, et al. Background and foreground modeling using nonparametric kernel density estimation for visual surveillance [J]. Proceedings of the IEEE, 2002, 90 (7): 1151-1163.

[10] Kato J, Watanable T, Joga S, et al. An HMM-based segmentation method for traffic monitoring movies [J]. IEEE Transaction on Pattern Analysis and Machine Intelligence, 2002, 24 (9): 1291-1296.

[11] Dimitriou N, Delopouslos A. Motion-based segmentation of objects using overlapping temporal windows [J]. Image and Vision Computing, 2013, 31 (1): 593-602.

[12] Sui X, Ma K, Yao Y, et al. Perceptual quality assessment of omnidirectional images as moving camera videos. [J]. IEEE Transactions on Visualization and Computer Graphics, 2021, 28 (8): 3022-3034.

[13] 陆军, 李凤玲, 姜迈. 摄像机运动下的动态目标检测与跟踪 [J]. 哈尔滨工程大学学报, 2008, 29 (8): 831-835.

[14] 刘泉洋, 刘云清, 史俊, 等. 视频图像运动估计中的一维块匹配算法 [J]. 计算机辅助设计与图形学学报, 2021, 33 (3): 424-430.

[15] Araki S, Matsuoka T, Yokoya N, et al. Real-time tracking of multiple moving object contours in a moving camera image sequence [J]. IEICE Transactions on Information and Systems, 2000, 83 (7): 1583-1591.

[16] Suhr J, Jung H, Li G, et al. Background compensation for pan-tilt-zoom cameras using 1-D feature matching and outlier rejection [J]. IEEE Transactions on Circuits and Systems for Video Technology, 2011, 21 (3): 371-377.

[17] Dey S, Reilly V, Saleemi I, et al. Detection of independently moving objects in non-planar scenes via multi-frame monocular epipolar constraint [C]. European Conference on Computer Vision, 2012: 860-873.

[18] Ling S, Li J, Che Z, et al. Quality assessment of free-viewpoint videos by quantifying the elastic changes of multi-scale motion trajectories [J]. IEEE Transactions on Image Processing, 2021, 30 (11): 517-531.

[19] Cui X, Huang J, Zhang S, et al. Background subtraction using low rank and group sparsity constraints [C]. European Conference on Computer Vision, 2012: 612-625.

[20] Guo L, Zhang X, Wang Q, et al. Joint enhanced low-rank constraint and kernel rank-order distance metric for low level vision processing [J]. Expert Systems with Application, 2022, 201 (9): 116976. 1-116976. 17.

[21] Kwark S, Lim T, Nam W, et al. Generalized background subtraction based on hybrid inference by belief propagation and bayesian filtering [C]. IEEE International Conference on Computer Vision, 2011: 2174-2181.

[22] 张睿敏, 张甲艳, 陶冶. 变分贝叶斯估计图像滤波去噪算法 [J]. 计算机技术与发展, 2021, 31 (7): 59-63.

[23] 崔智高, 李爱华, 王涛, 等. 基于运动显著图和光流向量分析的目标分割算法 [J]. 仪器仪表学报, 2017, 38 (7): 1791-1798.

[24] Chen C, Li S, Qin H, et al. Robust salient motion detection in non-stationary videos via novel integrated strategies of spatio-temporal coherency clues and low-rank analysis [J]. Pattern Recognition, 2016, 52 (1): 410-432.

[25] Tsai D, Flagg M, Rehg J. Motion coherent tracking using multi-label MRF optimization [J]. International Journal of Computer Vision, 2012, 100 (2): 190-202.

[26] Brox T, Malik J. Large displacement optical flow: Descriptor matching in variational motion

estimation [J]. IEEE Transaction on Pattern Analysis and Machine Intelligence, 2011, 33 (3): 500-513.

[27] Papazoglou A, Ferrari V. Fast object segmentation in unconstrained video [C]. IEEE International Conference on Computer Vision, 2013: 1777-1784.

[28] Achanta R, Shaji A, Smith K, et al. SLIC superpixels compared to state-of-the-art superpixel methods [J]. IEEE Transactions on Pattern Analysis and Machine Intelligence, 2012, 34 (11): 2274-2282.

[29] Tron R, Vidal R. A benchmark for the comparison of 3D motion segmentation algorithm [C]. Proceedings of IEEE Computer Society Conference on Computer Vision and Pattern Recognition, 2007: 1-8.

[30] Sand P, Teller S. Particle video: Long-range motion estimation using point trajectories [J]. International Journal of Computer Vision, 2008, 80 (1): 72-91.

第8章 基于限制密集轨迹的目标行为识别算法

8.1 引　言

本书第7章提出了一种基于运动显著特性的运动目标分割算法，利用该算法可获取移动机器人搭载摄像机捕获图像中运动目标的确切像素位置或存在区域，在上述运动目标分割算法的基础上，可进一步利用目标行为识别技术[1-3]判断分割出运动目标的行为动作，从而使机器人能够将底层视频数据与高层语义关联起来。目前，目标行为识别技术主要分为基于人工设计特征和基于深度学习特征的方法两类[4-6]，其中基于人工设计特征的方法首先需要设计专门的特征检测器和描述子[7]，然后采用一个通用的可训练分类器进行行为识别，其大致可分为特征提取、特征编码和分类识别3个步骤。

特征提取是指对目标行为建立高效的视频表达，它是识别目标行为的基础。针对目标行为特征提取问题，国内外学者开展了大量卓有成效的研究。Wang等[8]在同一算法框架下对比了3种时空兴趣点和密集采样特征点的行为识别效果，实验结果表明密集采样特征点方法在不同行为识别数据集上均取得了最优的识别结果。在此基础上，Wang等[9]进一步在光流场中对密集采样特征点进行跟踪，提出了一种更有效的密集轨迹特征，并在文献［10］中引入单应性矩阵来克服摄像机运动的影响，提出了一种改进的密集轨迹特征（Improved Dense Trajectories，IDT）。大量实验结果表明，基于密集轨迹的方法在许多行为识别数据集中均可取得非常优秀的识别结果[11]，但由于密集采样过程中大量的特征点落在了与行为无关的背景区域，同时传统的HOG、HOF等特征描述子仅是对单个像素建立的统计直方图[12]，无法提取深层次的表观和运动信息。

特征编码是目标行为识别的另一个关键步骤[13]。在众多特征编码算法中，局部聚合描述子向量（Vector of Locally Aggregated Descriptors，VLAD）[14]将特征描述子与聚类中心的累加残差作为视频的表示向量，是一种快速而高效的超向量编码方法，但由于局部聚合描述子向量VLAD只包含一阶均值信息，因此该特征编码算法很难描述均值相同但分布不同的描述子信息。为解决上述问题，Picard 等[15]在传统 VLAD 累加残差的基础上进一步引入了二阶张量积，提出了一种局部张量聚合向量。Peng 等[16]在传统 VLAD 算法框架下引入了二阶统计量对角协方差和三阶统计量峰度，同时在词典生成过程中采用了有监督的学习方式。

为进一步提高基于人工设计特征目标行为识别算法的性能，本章分别在特征提取和特征编码环节进行改进，提出了一种基于限制密集轨迹（Restricted Dense Trajectories，RDT）的目标行为识别算法[17]。在特征提取环节，本章算法首先利用扩展后的人体矩形框对密集采样的特征点进行筛选提纯，从而在降低无效特征点数量的同时，不致丢失对识别行为有重要意义的人体周围环境和交互物体信息，然后在以限制密集轨迹为中心的时空体内构建一组时空共生特征描述子；在特征编码环节，本章将每个特征描述子分配到多个近邻单词，并以这些单词作为基向量在最小平方误差的准则下线性组合逼近对应的特征描述子，最后以组合系数作为权值在多个单词上计算局部聚合描述子向量 VLAD。

8.2 算法整体框架

本章所提目标行为识别算法的总体框架如图 8-1 所示，主要包括特征提取、特征编码和分类识别三个步骤。在特征提取环节，首先检测视频中存在的人体，并对检测得到的人体目标区域进行扩展，从而得到人体扩展矩形框，然

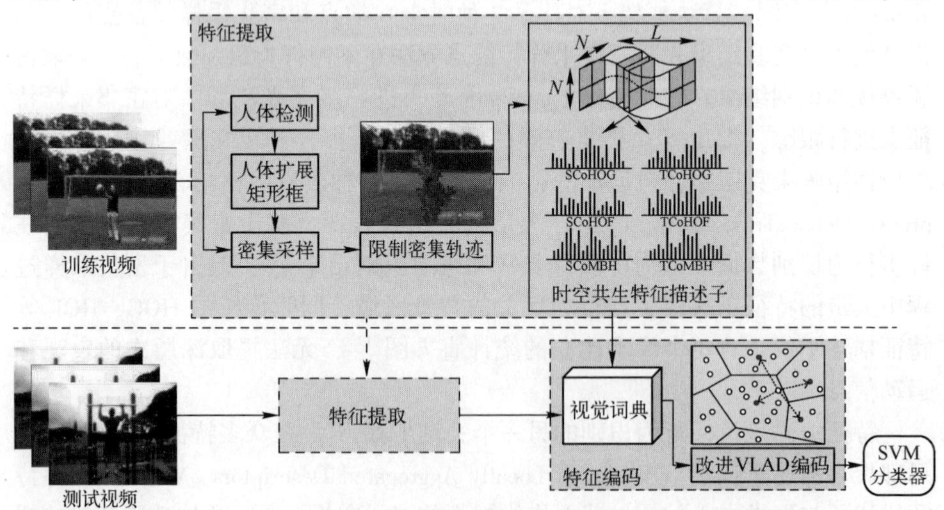

图 8-1　基于限制密集轨迹的目标行为识别算法流程图

后利用扩展人体矩形框对密集采样的特征点进行筛选提纯，以保证在不丢失人体周围环境和交互物体信息的前提下去除与目标行为无关的背景轨迹，最后在以限制密集轨迹为中心的时空体内提取时空共生特征描述子。在特征编码环节，首先从训练样本的特征描述子集合中学习视觉词典，然后以每个特征描述子的近邻多个单词为基向量，在最小平方误差准则下对其进行线性组合逼近，最后以得到的组合系数作为权值在这些单词上计算 VLAD 表示。

8.3　特征提取算法具体实现

8.3.1　传统密集轨迹算法

通常情况下，视频序列中目标行为的密集轨迹是通过在时间维度上对密集采样特征点跟踪得到的。基于密集轨迹的目标行为建模可分为密集采样、跟踪采样点、特征描述三个主要步骤，如图 8-2 所示。

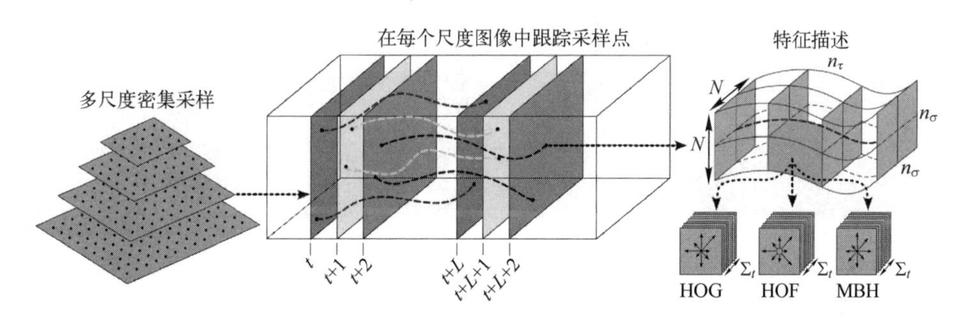

图 8-2　传统密集轨迹算法原理

1. 密集采样

密集采样是指在每个视频帧的多个空间尺度上，利用以 W 个像素点为间隔的网格密集地抽取像素点，并过滤掉不含有结构信息的平滑区域采样点。人在运动时会有位置和远近的变化，在多个空间尺度上密集抽取像素点可以覆盖尽可能多的空间位置和尺度信息。而过滤掉平滑区域的采样点是由于这些点通常不含有用信息且无法被准确跟踪，其过滤方法是为自相关矩阵的特征值设置阈值，并去掉低于阈值的采样点。若以 λ_i^1、λ_i^2 表示帧中像素点 i 处自相关矩阵的两个特征值，则阈值 T 可由下式确定：

$$T=0.001\times\max_{i\in I}\min(\lambda_i^1,\lambda_i^2) \tag{8-1}$$

2. 跟踪采样

跟踪采样是指分别在各自尺度上跟踪过滤后的密集采样点，从而得到密集轨迹。若设 $\omega_t=(u_t,v_t)$ 表示第 t 帧图像与其下一帧图像之间的光流场，其中 u 和 v 分别代表光流的水平和垂直分量，$P_t=(x_t,y_t)$ 表示某个尺度上该帧的采样点，则其在下一帧的位置为

$$P_{t+1}=(x_{t+1},y_{t+1})=(x_t,y_t)+(\boldsymbol{M}*\omega_t)\big|_{(\bar{x}_t,\bar{y}_t)} \tag{8-2}$$

式中：$\boldsymbol{M}$ 是一个 3×3 的中值滤波器。

需要指出的是，式（8-2）通过计算特征点邻域内的光流场得到特征点的运动方向，为避免跟踪误差累积导致的跟踪漂移，通常将跟踪的轨迹长度设为 $L=15$ 帧，此时可得到以 $P_t=(x_t,y_t)$ 为起点的一条轨迹$(P_t,P_{t+1},\cdots,P_{t+14})$，后续的特征描述即在沿着各个轨迹的时空块内进行。除此之外，还需要对得到的轨迹进行后处理，通常利用光流的方差作为判断依据来剔除静态轨迹和变化剧烈的轨迹。其中：静态轨迹通常属于没有发生变化的背景区域，不包含人体运动信息，与行为识别任务关系不大；而变化剧烈的轨迹一般为噪声或跟踪错误的轨迹。

图 8-3 给出了一组密集轨迹示例，其中红点表示特征点在当前帧的位置，绿线则表示特征点的轨迹。

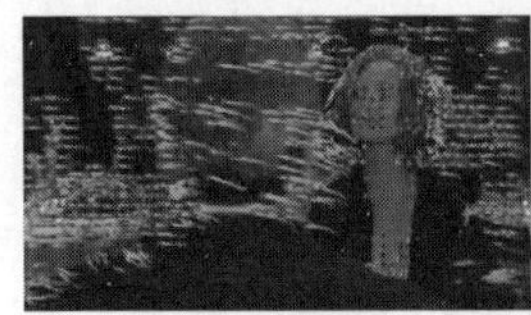

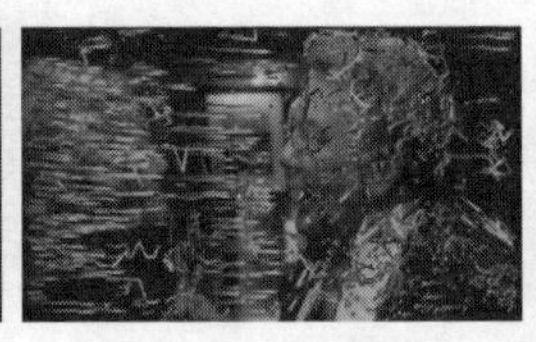

图 8-3　视频序列密集轨迹示例

3. 特征描述

文献［8］使用 4 种特征描述子对提取的密集轨迹进行特征描述，分别是轨迹形状特征（Trajectory Shape）、HOG、HOF 和 MBH，且在提取后 3 种特征描述子时，分别以每条轨迹为中心构造一个与轨迹对齐的 $N\times N\times L$ 时空体，同时把时空体块继续分割为 $n_\sigma\times n_\sigma\times n_\tau$ 的子块（通常 $N=15$，$n_\sigma=2$，$n_\tau=3$），并在每个子块中统计 3 种特征直方图。

（1）轨迹形状特征采用相邻帧采样点的位移量来表示，即$(\Delta P_t,\Delta P_{t+1},\cdots,\Delta P_{t+L-1})$，其中 $\Delta P_t=(P_{t+1}-P_t)=(x_{t+1}-x_t,y_{t+1}-y_t)$，归一化后可得到一个 30 维的向量：

$$\boldsymbol{Tr}=\frac{(\Delta P_t,\Delta P_{t+1},\cdots,\Delta P_{t+L-1})}{\sum_{i=t}^{t+L-1}\|\Delta P_i\|} \tag{8-3}$$

（2）HOG（Histogram of Oriented Gradient）特征计算的是灰度图像梯度直

方图，bin 数目取为 8，因此 HOG 特征的维数为 2×2×3×8=96。

（3）HOF（Histogram of Oriented Optical Flow）特征计算的是光流直方图，bin 数目通常取为 8+1，其中前 8 个 bin 与 HOG 相同，而另外一个 bin 用于统计光流幅值小于某个阈值的像素。HOF 特征的维数为 2×2×3×9=108。

（4）MBH（Motion Boundary Histogram）特征计算的是光流图像梯度直方图，也可理解为在光流图上计算的 HOG 特征。由于光流图通常包括水平方向和垂直方向，故可分别计算 MBHx 和 MBHy。MBH 特征的维数为 2×96=192。

8.3.2　改进的限制密集轨迹算法

1. 人体扩展矩形框

本章所提改进的限制密集轨迹算法首先采用可变形部件模型[18]检测每个视频帧中存在的人体目标，从而得到包含人体的矩形框。可变形部件模型算法由三部分组成：根滤波器，用于获取人体目标的全局轮廓特征，如图 8-4（a）所示；部件滤波器，用于检测人体目标的细节特征，如图 8-4（b）所示；空间模型，用于描述根滤波器和部件滤波器之间的关系，如图 8-4（c）所示。

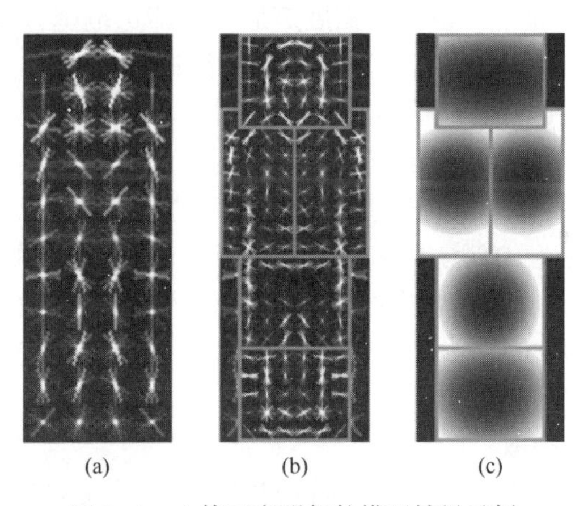

图 8-4　人体可变形部件模型结果示例

考虑到同一动作在不同场景下往往具有不同的含义[19-20]，且与人体有交互的物体对行为识别也有重要意义，因此为充分利用人体周围环境以及交互物体信息，同时排除大量无关信息的干扰，本章所提改进的限制密集轨迹算法在人体检测完成后，对得到的包含人体矩形框进行扩展操作，即将宽度扩展为 2 倍、高度扩展为 1.5 倍，然后利用扩展后的矩形框对密集采样得到的特征点进行筛选提纯，如图 8-5 所示。

图 8-5 人体扩展矩形框示意图

2. 限制密集轨迹提取

利用上述步骤得到人体扩展矩形框后，本章所提限制密集轨迹算法的具体步骤如下：

步骤 1，密集采样。与 8.3.1 节所述步骤相同，尺度取 8、间隔 W 取 5，尺度缩放因子为 $1/\sqrt{2}$。

步骤 2，筛选特征点。以人体扩展矩形框为筛选范围，如果密集采样得到的特征点在扩展矩形框内部或边界上，则保留该特征点；反之则删除该特征点，从而实现对特征点的筛选提纯。

步骤 3，跟踪筛选后的特征点，得到限制密集轨迹。

通过上述步骤可得到以特征点 P_t 为起点的轨迹 $(P_t, P_{t+1}, \cdots, P_{t+14})$。图 8-6 给出了传统密集轨迹 IDT 与本章所提限制密集轨迹 RDT 的实验结果对比图，图中红点表示特征点在当前帧中的位置，绿线为特征点的运动轨迹。从实验结果可以看出，本章所提限制密集轨迹基本保留了与行为相关的轨迹，且可有效去除大部分的背景轨迹。

3. 特征描述子提取

利用上文所述步骤获取限制密集轨迹之后，为有效利用视频的运动信息，本章算法在每条运动轨迹周围的三维时空体内构造特征描述子。如图 8-7 所示，本章算法以密集轨迹为中心提取大小为 $N \times N \times L$ 的时空体块，并直接在每个时空体块内统计时空共生特征描述子。实验中取 $N=32$，$L=15$。

(1) 传统的 HOG、HOF 和 MBH 特征以单个像素的方向为量化对象建立特征直方图，而共生特征描述子则是对像素对的方向进行量化统计，因此能够描述更为复杂的空间结构。本章采用三种空间共生特征以提取更具区分力的信息，其中：

图 8-6　传统密集轨迹 IDT 与本章所提限制密集轨迹 RDT 的实验结果对比图

① 空间 HOG 共生矩阵（SCoHOG）。空间 HOG 共生矩阵（SCoHOG）是视频图像的二阶统计特征，它由同一帧两个像素梯度方向的联合概率密度来定义，不仅能够反映梯度方向的分布特性，也可反映具有同样梯度方向像素之间的位置分布特性。通常情况下，SCoHOG 首先通过统计视频图像上保持固定距离像素点对的梯度方向得到共生矩阵，然后将展开后的共生矩阵拼接作为特征向量。如图 8-7 所示，本章算法同时采用 0°扫描和 90°扫描两种方式，距离差分值取(2,0)和(0,2)。

② 空间 HOF 共生矩阵（SCoHOF）和空间 MBH 共生矩阵（SCoMBH）。这两种特征的计算方法与 SCoHOG 类似，只是 SCoHOF 的统计对象是像素点对

的光流方向，而 SCoMBH 的统计对象是光流水平分量和垂直分量的梯度方向，即 SCoMBHx 和 SCoMBHy。本章算法同样采用两种距离差分值(2,0)和(0,2)来计算这两种空间共生特征。

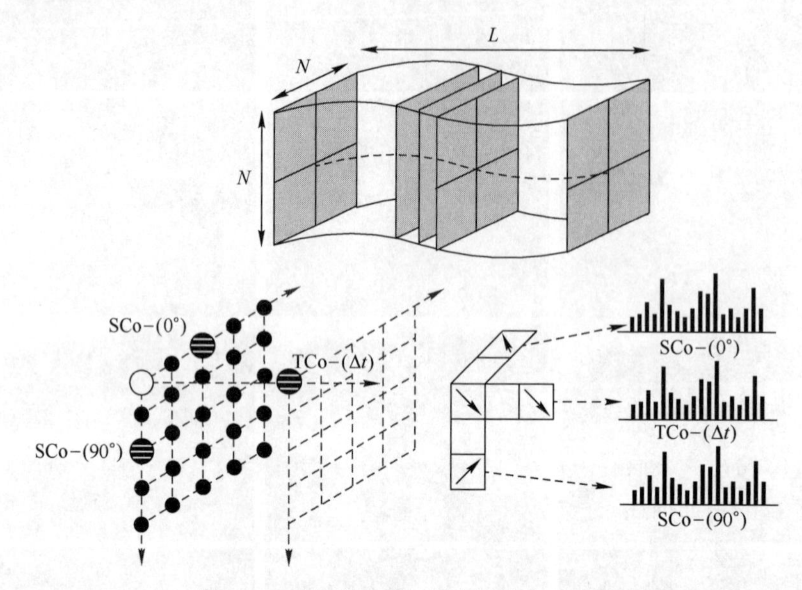

图 8-7 时空共生特征描述子提取示意图

实验中将梯度方向量化为 8 个，光流方向量化为 9 个，此时得到的 SCoHOG 特征维数为 8×8×2=128，SCoHOF 特征维数为 9×9×2=162，SCoMBH 维数为 8×8×2×2=256。

（2）相比于静态图像，视频序列具有更加丰富的表观信息和运动信息，为此为有效描述连续帧之间的表观和运动变化，本章算法采用三种时间上由轨迹对齐的像素对共生特征描述子。

① 时间 HOG 共生矩阵（TCoHOG）。时间 HOG 共生矩阵（TCoHOG）可有效描述一定时间内表观的变化，可通过统计时间维度上不同像素点对的梯度方向得到。考虑到相邻帧的像素变化不大，本章采取间隔一定时间的方式提取像素点对，如图 8-7 所示。

② 时间 HOF 共生矩阵（TCoHOF）和时间 MBH 共生矩阵（TCoMBH）：这两种特征的计算方法与对应的空间共生特征计算方法类似，不同之处在于在时间维度上提取共生单元。其中，TCoHOF 的共生单元可有效反映运动方向的变化，而 TCoMBH 的共生单元则反映的是局部运动边界强度的变化。

实验中，TCoHOG 特征维数为 8×8=64，TCoHOF 特征维数为 9×9=81，

TCoMBH 特征维数为 $8\times8\times2=128$。此时对于大小为 $m\times n$ 的图像块，在距离差分值为 (a,b) 时，可定义共生矩阵 $\boldsymbol{C}$：

$$\boldsymbol{C}(s,t)=\sum_{i=1}^{m}\sum_{j=1}^{n}\begin{cases}\dfrac{G(i,j)+G(i+a,j+b)}{2}, & O(i,j)=s,O(i+a,j+b)=t\\ 0, & \text{其他}\end{cases} \tag{8-4}$$

式中：$G(i,j)$ 和 $O(i,j)$ 分别表示像素点 (i,j) 的梯度或光流幅值和方向；s 和 t 分别为梯度或光流的量化方向标号。

8.4　特征编码算法具体实现

8.4.1　传统 VLAD 编码算法

通常情况下，即使不同的视频序列包含相同的运动行为，其所提取的特征描述子数量也是不同的，因此在 8.3 节所述步骤的基础上，需要进一步将每个视频序列的特征描述子量化为固定长度的特征向量，以方便分类器（如 SVM 等）进行分类识别。如图 8-8 所示，早期研究者普遍采用视觉词袋模型[21]进行人体行为识别，视觉词袋模型（BOVW）把图像或视频的局部特征当作单词，并利用这些单词编码生成图像或视频的全局表示，其主要包括词典生成和特征描述子编码两个步骤。

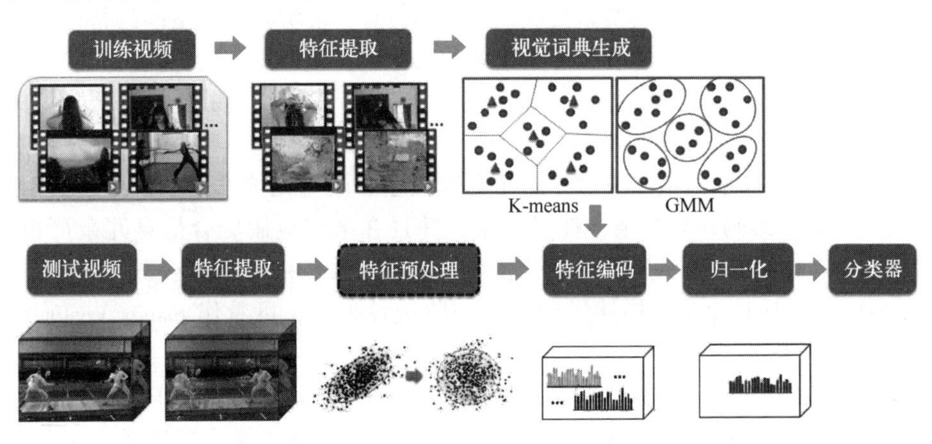

图 8-8　基于视觉词袋模型的目标行为识别示意图

1. 词典生成

词典生成是应用视觉词袋模型的前提，直接影响目标行为识别的性能。视觉词典通常可理解为从训练视频的局部特征描述子中构造的一组基向量，常用的词典生成方法包括 K 均值[22]、高斯混合模型[23]、奇异值分解[24]、随机聚类森林[25]、稀疏编码[26]等。

2. 特征描述子编码

特征描述子编码是应用视觉词袋模型的关键，常见的编码方法包括投票型编码和超向量型编码。

（1）投票型编码方法采用统计直方图描述特征描述子的分布，并采用特定投票策略将所有特征描述子对视觉词典的单词进行投票，从而得到每个特征描述子的投票系数，常见的投票型编码方法包括向量量化编码 VQ、软分配编码 SA、局部软分配编码 SA-k，如图 8-9 所示。

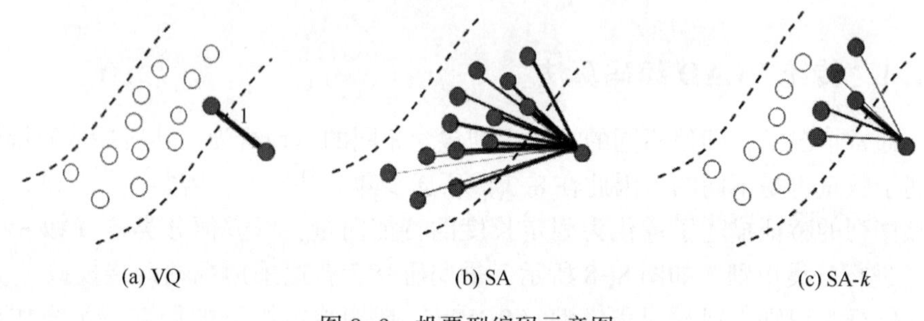

图 8-9　投票型编码示意图

（2）目前常用的超向量型编码方法为 Fisher Vector 编码[27]，Fisher Vector 编码有效融合了判别式模型和生成式模型的优势，能够将低维空间的特征映射到高维空间进行分析，并且让每个视频的表示向量具有固定的长度。实验结果表明，Fisher Vector 编码通过引入高阶信息，能够使分类效果比传统低阶编码方法显著提升，且 Fisher Vector 编码通过使用很小的视觉词典，就可实现局部特征描述子到高维向量的映射，从而有效减小了视觉词典学习的代价。然而，Fisher Vector 编码计算复杂、耗时严重，并且在某些应用场合信息冗余严重，为此本章重点研究了另外一种超向量编码方法——局部聚合描述子向量 VLAD，VLAD 只保留了描述子分布的一阶统计信息，可看作 Fisher Vector 编码的硬编码版本。

局部聚合描述子向量 VLAD 首先由 Jégou 等[28]提出并应用于图像检索领域。该编码算法首先通过 K 均值聚类等方式学习词典，然后将特征描述子硬分配到空间距离最近的单词，并计算每个单词与所分配描述子的累加残差，最后合并得到视频表示向量。若假设 $\boldsymbol{X}=[\boldsymbol{x}_1,\boldsymbol{x}_2,\cdots,\boldsymbol{x}_N]\in\mathbb{R}^{D\times N}$ 为视频的局部特征描述子集合，$\boldsymbol{D}=[\boldsymbol{d}_1,\boldsymbol{d}_2,\cdots,\boldsymbol{d}_N]\in\mathbb{R}^{D\times M}$ 为词典，$\boldsymbol{V}=[\boldsymbol{v}_1,\boldsymbol{v}_2,\cdots,\boldsymbol{v}_N]\in\mathbb{R}^{D\times M}$ 为

视频的表示，则满足

$$\boldsymbol{v}_m = \sum_{\boldsymbol{x}_i : NN(\boldsymbol{x}_i) = \boldsymbol{d}_m} \boldsymbol{x}_i - \boldsymbol{d}_m \tag{8-5}$$

式中：$NN(\boldsymbol{x}_i) = \boldsymbol{d}_m$ 表示距离描述子 $\boldsymbol{x}_i$ 最近的单词为 $\boldsymbol{d}_m$。将式（8-5）分解可得

$$\boldsymbol{v}_m = N_m\left(\frac{1}{N_m}\sum_{i}^{N_m} \boldsymbol{x}_i - \boldsymbol{d}_m\right) = N_m(\bar{\boldsymbol{x}} - \boldsymbol{d}_m) \tag{8-6}$$

通过式（8-6）不难看出，$\boldsymbol{v}_m$ 可认为是分配到单词 $\boldsymbol{d}_m$ 所有描述子的均值与 $\boldsymbol{d}_m$ 的差，因此如果不同样本分配到单词 $\boldsymbol{d}_m$ 的描述子均值相同，即使它们的描述子分布明显不同，所得到的 $\boldsymbol{v}_m$ 也是相同的。图 8-10 给出了一个具体示例，两个样本分配到单词 $\boldsymbol{d}_m$ 的描述子数量、均值均相同，那么根据式（8-5）计算得到的 $\boldsymbol{v}_m$ 是相同的，但是描述子的空间分布却显然不同。也就是说，VLAD 特征编码算法虽然快速且高效，但由于只包含一阶均值信息，因此很难描述特征描述子的空间分布信息。

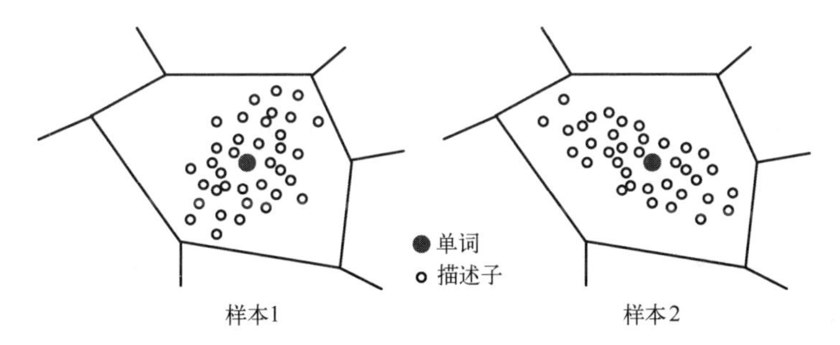

图 8-10　VLAD 特征编码算法及其缺点示意图

8.4.2　改进的 VLAD 编码算法

为获取特征分布信息，本章改变传统 VLAD 算法把描述子直接硬分配到距离最近单词的方式，提出了一种改进的 VLAD 特征编码算法。如图 8-11 所示，对于特征向量 $\boldsymbol{x}_i$，首先在词典 $\boldsymbol{D}$ 中采用 K-近邻搜索寻找空间距离最近的 K 个单词作为基向量，并定义为子词典 $\boldsymbol{D}_i = [\boldsymbol{d}_{\sigma_1}, \boldsymbol{d}_{\sigma_2}, \cdots, \boldsymbol{d}_{\sigma_K}]$，然后引入重构编码思想，以这些单词为基向量在最小平方误差的准则下线性组合逼近 $\boldsymbol{x}_i$，从而得到线性组合系数并将其作为 $\boldsymbol{x}_i$ 在对应单词上的隶属度，最后以隶属度为权值在 K 个单词上计算 VLAD 特征编码。

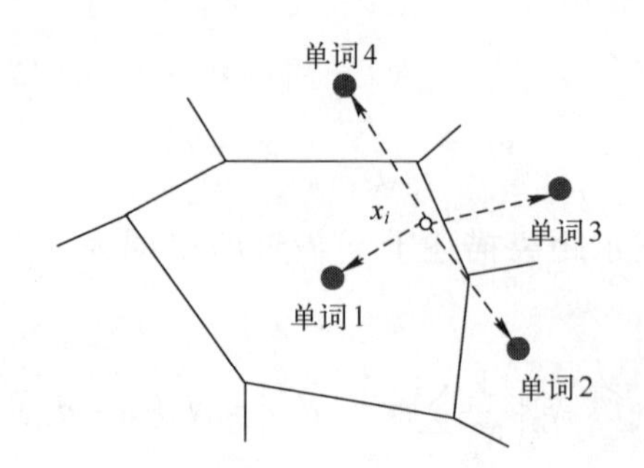

图 8-11 改进 VLAD 特征编码算法示意图

8.5 实验结果及其分析

8.5.1 目标行为识别数据集

为验证本章所提基于限制密集轨迹目标行为识别算法的有效性，采用常用的 KTH 数据集、YouTube 数据集、HMDB51 数据集进行实验验证。其中：

1. KTH 数据集

KTH 数据集[29] 由走（walking）、慢跑（jogging）、跑（running）、拳击（boxing）、挥手（hand waving）和鼓掌（clapping）6 类行为视频组成，且每类行为视频由 25 人分别在室外场景、室外场景尺度变化、室外场景衣物变化和室内场景 4 种场景下拍摄。该数据集总共包含 2391 段视频，每段视频平均长度为 4s，只包含单人的单种行为。

本章算法在应用该数据集进行实验验证时，采用数据集作者的原始策略，即将数据集分成训练集（16 subjects）和测试集（9 subjects）两部分，并将行为识别的准确率作为系统的性能指标。

2. YouTube 数据集

YouTube 数据集[30] 由在 25 个不同场景下拍摄的 11 类行为视频组成，包括骑车（biking）、投篮（basketball shooting）、跳水（diving）、高尔夫（golf swinging）、骑马（horse riding）、颠球（soccer juggling）、荡秋千（soccer juggling）、网球（tennis swinging）、蹦床（trampoline jumping）、排球（volleyball spiking）、遛狗（walking dog）等，它包含 1168 段视频，存在大量的视角、尺度和光照变化。

本章算法在应用该数据集进行实验验证时，同样采取与数据集作者相同的策略，即采取留一交叉验证的实验方案。

3. HMDB51 数据集

HMDB51 数据集[31]共由 51 类 6766 段行为视频组成，主要从数字电影或 YouTube 网站收集。该数据集包含着人的面部动作、肢体动作以及交互行为，多数为真实场景下非固定相机拍摄的视频，并且每类行为存在着巨大的类内差异，因此非常具有挑战性。

本章算法在应用该数据集进行实验验证时，将该数据集分成三组分别进行训练和测试，最后计算三组的平均识别准确率。

8.5.2　目标行为识别效果对比

1. 特征提取对比实验

为验证所提改进限制密集轨迹算法的有效性，设计如下对比实验：首先从训练样本中对每种特征随机抽取 10 万个特征向量，采用 K 均值算法进行聚类生成视觉词典，视觉词典的大小设为 4000；然后对行为视频进行量化编码，即统计特征向量分配到词典中欧氏距离最近词汇的出现频率，并将统计直方图归一化后作为视频的描述；最后采用一种 χ^2 核的非线性 SVM 作为分类器，并通过多通道技术融合不同种类的特征。

特征提取对比实验结果如表 8-1 所示，从实验结果可以看出：

（1）限制密集轨迹 RDT 和时空共生特征描述子的引入均有效提高了识别准确率，且二者组合时识别结果达到最高。

（2）空间共生特征组合 SCo-(SCoHOG+SCoHOF+SCoMBH）和时间共生特征组合 TCo-(TCoHOG+TCoHOF+TCoMBH）由于引入了像素对的共生信息，因此能够提取更具区分力的深层次结构和运动信息，识别结果比原始的 HOG+HOF+MBH 组合均有不同程度提高。

（3）时间共生描述子组合 TCo-(TCoHOG+TCoHOF+TCoMBH）提高的幅度更大，可见时间共生描述子所表达的时域表观和运动信息更有助于目标行为识别准确率的提高。

表 8-1　不同特征组合方法实验对比结果

Method	KTH	YouTube	HMDB51
HOG+HOF+MBH（Baseline）	93.9%	82.4%	45.8%
SCoHOG+TCoHOG	87.6%	68.7%	41.2%
SCoHOF+TCoHOF	92.5%	75.4%	45.8%
SCoMBH+TCoMBH	94.1%	82.2%	51.6%
SCoHOG+SCoHOF+SCoMBH	93.7%	81.9%	48.8%

（续）

Method	KTH	YouTube	HMDB51
TCoHOG+TCoHOF+TCoMBH	94.8%	83.7%	54.8%
All combined	**96.3%**	**84.6%**	**57.6%**

2. 特征编码对比实验

为验证所提改进 VLAD 编码算法（记为 IVLAD）的有效性，选择传统 VLAD 编码算法、Fisher Vector 超向量编码方法 FV 进行对比实验。首先从训练样本中随机抽取 50 万个特征向量为每种编码算法生成词典，其中 IVLAD 和 FV 的词典大小取为 256，而 VLAD 的词典大小则取 256 和 512，分别记为 VLAD 256 和 VLAD 512。此外，每种编码算法分别对比传统限制密集轨迹 IDT（HOG/HOF/MBH）和改进限制密集轨迹 RDT（SCo-/TCo-）两种特征提取方案。实验中对于 IVLAD 和 VLAD 均采用相同的归一化策略，对于 FV 则直接采用 L2 范数进行归一化；IVLAD 的 K 值取为 5，且编码前采用 PCA 将特征向量的维数降为一半；目标行为分类器采用线性 SVM，惩罚因子 $C=100$。

特征编码对比实验结果如表 8-2 所示，从实验结果可以看出：

（1）本章所提 IVLAD 算法在两种特征提取方案下的识别效果均优于传统的 VLAD 和 FV 超向量编码方法，从而有效验证了描述子分布信息对于提高识别准确率的重要意义。

（2）在同种编码方法下，本章所提基于改进限制密集轨迹 RDT 的特征提取方案识别率比 IDT 特征提取方案均有不同程度的提高，且在 IVLAD 与 RDT 组合时识别率达到最高，在三个数据库上分别为 98.1%、89.7%、70.2%，比 FV+RDT 组合分别提高了 1.0%、2.2%、6.7%，比 IVLAD+IDT 组合分别提高了 0.8%、3.0%、7.5%。

表 8-2　不同特征编码方法实验对比结果

Method	KTH		YouTube		HMDB51	
	IDT	RDT	IDT	RDT	IDT	RDT
VLAD 256	95.2%	96.4%	82.1%	86.2%	56.2%	61.4%
VLAD 512	96.5%	97.0%	84.3%	87.1%	58.1%	63.1%
FV	96.7%	97.1%	84.9%	87.5%	60.3%	63.5%
IVLAD	97.3%	**98.1%**	86.7%	**89.7%**	62.7%	**70.2%**

3. 算法综合性能对比实验

进一步将本章所提算法（包括改进的限制密集轨迹和改进的 VLAD 编码

算法）与近年来目标行为识别的代表性结果进行对比，对比算法中既有传统基于人工设计特征的方法，如 IDT[10]、概率表示[32]、非负矩阵表示[33]等，也有基于深度学习特征的方法，如 3D CNN[34]、LTC-CNN[35]等。

算法综合性能对比的实验结果如表 8-3 所示，从实验结果可以看出：本章算法在对比算法中取得了最优或与最优相近的识别结果，尤其在背景复杂的 YouTube、HMDB51 数据库上分别提高了 1.5%、3.0%。

表 8-3　本章所提算法与其他算法综合性能对比实验

KTH		YouTube		HMDB51	
Le et al. [36]	93.9%	**Le et al.** [36]	75.8%	**Park et al.** [39]	57.2%
Ji et al. [34]	90.2%	**Bhattacharya et al.** [32]	76.5%	**Zhu et al.** [40]	63.3%
Wang et al. [10]	95.3%	**Wang et al.** [10]	85.4%	**Simonyan et al.** [41]	59.4%
Wang et al. [33]	95.5%	**Yang et al.** [38]	88.0%	**Peng et al.** [21]	66.8%
Liu et al. [37]	**98.2%**	**Wang et al.** [33]	88.2%	**Varol et al.** [35]	67.2%
Our method	98.1%	**Our method**	**89.7%**	**Our method**	**70.2%**

参考文献

[1] Li C, Tong C, Niu D, et al. Similarity embedding networks for robust human activity recognition [J]. ACM Transactions on Knowledge Discovery from Data, 2021, 15(6): 1-17.

[2] Wu L, Li Z, Xiang Y, et al. Latent label mining for group activity recognition in basketball videos [J]. IET image processing, 2021, 15(14): 3487-3497.

[3] Yadav S, Luthra A, Tiwari K, et al. ARFDNet: An efficient activity recognition & fall detection system using latent feature pooling [J]. Knowledge-Based Systems, 2022, 239: 107948.

[4] Sargano A, Angelov P, Habib Z. A comprehensive review on handcrafted and learning-based action representation approaches for human activity recognition [J]. Applied Sciences, 2017, 7(1): 110.

[5] Subetha T, Chitrakala S. A survey on human activity recognition from videos [C]. International Conference on Information Communication and Embedded Systems, 2016: 1-7.

[6] Satrasupalli S, Daniel E, Guntur S, et al. End to end system for hazy image classification and reconstruction based on mean channel prior using deep learning network [J]. IET Image Processing, 2021, 14(3): 1-8.

[7] 郭天晓，胡庆锐，李建伟，等. 基于人体骨架特征编码的健身动作识别方法 [J]. 计算机应用，2021，37(5)：1458-1464.

[8] Wang H, Ullah M, Kläser A, et al. Evaluation of local spatio-temporal features for action recognition [C]. British Machine Vision Conference, BMVA Press, 2009: 124.1-124.11.

[9] Wang H, Kläser A, Schmid C, et al. Dense trajectories and motion boundary descriptors for action recognition [J]. International Journal of Computer Vision, 2013, 103 (1): 60-79.

[10] Wang H, Schmid C. Action recognition with improved trajectories [C]. IEEE International Conference on Computer Vision, 2014: 3551-3558.

[11] Ling S, Li J, Che Z, et al. Quality assessment of free-viewpoint videos by quantifying the elastic changes of multi-scale motion trajectories [J]. IEEE Transactions on Image Processing, 2021, 30(11): 517-531.

[12] Klaser A, Marszałek M, Schmid C. A spatio-temporal descriptor based on 3D-gradients [C]. British Machine Vision Conference, BMVA Press, 2008, 275: 1-10.

[13] Zhu Y, Zhao X, Fu Y, et al. Sparse coding on local spatial-temporal volumes for human action recognition [C]. Asian Conference on Computer Vision. Springer, Berlin, Heidelberg, 2010: 660-671.

[14] Arandjelovic R, Zisserman A. All about VLAD [C]. IEEE Computer Society Conference on Computer Vision and Pattern Recognition, 2013: 1578-1585.

[15] Picard D, Gosselin P. Improving image similarity with vectors of locally aggregated tensors [C]. Proceedings of the IEEE International Conference on Image Processing, IEEE Computer Society Press, 2011: 669 - 672.

[16] Peng X, Wang L, Qiao Y, et al. Boosting vlad with supervised dictionary learning and high-order statistics [C]. European Conference on Computer Vision. Heidelberg: Springer, 2014: 660-674.

[17] 李庆辉，李爱华，崔智高，等．采用时空共生特征与改进 VLAD 的行为识别 [J]．计算机辅助设计与图形学学报，2018，30(10)：1910-1916.

[18] Zhu C, Peng Y. Discriminative latent semantic feature learning for pedestrian detection [J]. Neurocomputing, 2017, 238(5): 126-138.

[19] 李宗民，蒋迪，刘玉杰，等．结合空间上下文的局部约束线性特征编码 [J]．计算机辅助设计与图形学学报，2017，29(2)：254-261.

[20] Liu T, Zhao R, Lam K, et al. Visual-semantic graph neural network with pose-position attentive learning for group activity recognition [J]. Neurocomputing, 2022, 491: 217-231.

[21] Peng X, Wang L, Wang X, et al. Bag of visual words and fusion methods for action recognition: comprehensive study and good practice [J]. Computer Vision and Image Understanding, 2016, 150: 109-125.

[22] Abramson N, Braverman D, Sebestyen G. Pattern recognition and machine learning [J]. IEEE Transactions on Information Theory, 2003, 9(4): 257-261.

[23] Cigla C, Brockers R, Matthies L. Gaussian mixture models for temporal depth fusion [C]. IEEE Winter Conference on Applications of Computer Vision, 2017: 889-897.

[24] Aharon M, Elad M, Bruckstein A. K-SVD: An algorithm for designing overcomplete dictionaries for sparse representation [J]. IEEE Transactions on Signal Processing, 2006, 54(11): 4311-4322.

[25] Moosmann F, Nowak E, Jurie F. Randomized clustering forests for image classification [J]. IEEE Transactions on Pattern Analysis and Machine Intelligence, 2008, 30(9): 1632.

[26] Mairal J, Elad M, Bach F. Guest editorial: Sparse coding [J]. International Journal of Computer Vision, 2015, 114(2-3): 89-90.

[27] Liu L, Wang P, Shen C, et al. Compositional model based fisher vector coding for image classification [J]. IEEE Transactions on Pattern Analysis and Machine Intelligence, 2017, 39(12): 2335-2348.

[28] Jegou H, Perronnin F, Douze M, et al. Aggregating local image descriptors into compact codes [J]. IEEE Transactions on Pattern Analysis and Machine Intelligence, 2012, 34(9): 1704-1716.

[29] Schuldt C, Laptev I, Caputo B. Recognizing human actions: A local SVM approach [C]. International Conference on Pattern Recognition, 2004: 32-36.

[30] Liu J, Luo J, Shah M. Recognizing realistic actions from videos "in the wild" [C]. IEEE Conference on Computer Vision and Pattern Recognition, 2009: 1996-2003.

[31] Kuehne H, Jhuang H, Garrote E, et al. HMDB: A large video database for human motion recognition [C]. IEEE International Conference on Computer Vision, 2011: 2556-2563.

[32] Bhattacharya S, Sukthankar R, Jin R, et al. A probabilistic representation for efficient large scale visual recognition tasks [C]. IEEE Conference on Computer Vision and Pattern Recognition, 2011: 2593-2600.

[33] Wang H, Yuan C, Hu W, et al. Action recognition using nonnegative action component representation and sparse basis selection [J]. IEEE Transactions on Image Processing, 2013, 23(2): 570-581.

[34] Ji S, Xu W, Yang M, et al. 3D convolutional neural networks for human action recognition [J]. IEEE Transactions on Pattern Analysis and Machine Intelligence, 2013, 35(1): 221-231.

[35] Varol G, Laptev I, Schmid C. Long-term temporal convolutions for action recognition [J]. IEEE Transactions on Pattern Analysis and Machine Intelligence, 2018, 40(6): 1510-1517.

[36] Le Q, Zou W, Yeung S, et al. Learning hierarchical invariant spatio-temporal features for action recognition with independent subspace analysis [C]. IEEE Conference on Computer Vision and Pattern Recognition, 2011: 3361-3368.

[37] Liu L, Shao L, Li X, et al. Learning spatio-temporal representations for action recognition: A genetic programming approach [J]. IEEE Transactions on Cybernetics, 2015, 46(1): 158-170.

[38] Yang X, Tian Y. Action recognition using super sparse coding vector with spatio-temporal awareness [C]. European Conference on Computer Vision, 2014: 727-741.
[39] Park E, Han X, Berg T, et al. Combining multiple sources of knowledge in deep CNNs for action recognition [C]. IEEE Winter Conference on Applications of Computer Vision, 2016: 1-8.
[40] Zhu W, Hu J, Sun G, et al. A key volume mining deep framework for action recognition [C]. IEEE Conference on Computer Vision and Pattern Recognition, 2016: 1991-1999.
[41] Simonyan K, Zisserman A. Two-stream convolutional networks for action recognition in videos [C]. Advances in Neural Information Processing Systems, 2014: 568-576.

第9章　基于有序光流图和双流卷积网络的目标行为识别算法

9.1 引　　言

本书第8章提出了一种基于限制密集轨迹的目标行为识别算法，该算法本质上属于人工设计特征的方法，随着深度学习技术[1-3]的迅猛发展，深度学习已广泛应用于目标轨迹跟踪、目标行为识别等各种计算机视觉任务。基于深度学习的目标行为识别方法采用可训练的特征提取器，能够从原始数据中自动学习特征，从而使用可训练的特征提取器和具有多个处理层的计算模型对数据进行多层表示和抽象，因此相比于基于人工设计特征的目标行为识别方法具有更大优势。

围绕基于深度学习的目标行为问题，国内外研究者开展了大量卓有成效的研究：Karpathy 等[4]首先在 Sports-1M 数据集上测试了深度卷积网络，将堆叠的连续 RGB 视频帧直接输入网络进行行为识别，实验结果证明了该算法的有效性；Simonyan 等[5]设计了一种包含空域网络和时域网络的双流卷积神经网络，分别将单帧 RGB 图像和堆叠光流位移场输入空域网络和时域网络，从而获取了视频的表观和运动信息；Du 等[6]将二维空间卷积核扩展到时域提出了一种三维卷积网络，以多帧图像作为输入单元，并通过多次交替卷积、池化操作学习视频的时空特征。近年来，研究者发现采用深度网络提取视频的长时时域信息可以有效提高目标行为识别的准确率：Jeff 等[7]采用递归神经网络编码卷积特征的时域关系，提出了融合卷积层和长时递归层的长时递归卷积网络（Long-term Recurrent Convolutional Network，LRCN）；Wang 等[8]首先在稀疏的时域片段上建模长时时域结构，然后利用稀疏采样抽取多个视频片段，并分别在每个片段上建立双流卷积网络，最后融合所有网络的输出结果进行预测分类；Varol 等[9]通过扩展 3D 卷积网络输入的时间长度，设计了一种长时卷积网络（Long-term Temporal Convolutions，LTC），并研究了不同底层表示（原始像素值、光流等）对目标行为识别结果的影响。

现有研究结果表明，行为视频作为连续的图像序列，有效利用其静态表观信息、短时（Short-term）时域信息以及长时（Long-term）时域信息对识别目标行为具有重要意义。针对上述问题，本章提出了一种结合有序光流图和双流卷积网络的目标行为识别算法[10]，该算法通过有序光流图建模视频的长时时域结构，利用一个包含表观和短时运动流、长时运动流的双流卷积网络提取行为视频的表观信息和长短时运动信息，并结合线性 SVM 分类器对行为视频进行识别。

9.2 算法具体实现

9.2.1 有序光流图

通常情况下，视频可看作多帧静态图像在时间维度的顺序排列，因此可从空间和时间两个维度来分析视频信息。其中：空间信息表现为视频中每帧图像的表观，可以描述视频中的场景和物体；时间信息则表现为帧与帧之间的运动变化，可以描述视频中的物体运动和相机运动[11]。此外，视频中的复杂行为往往由数十帧甚至数百帧共同呈现，因此提取视频的时域运动信息尤其是长时运动信息，对识别视频中的目标行为具有重要意义。

视频的时域运动信息通常通过光流序列来表达，但现有深度模型由于网络参数限制而无法处理超过 10 帧以上的光流序列输入，因此难以提取视频的长时时域信息。受文献［12］启发，本章在保留次序信息的条件下将光流序列压缩到单幅图像上，并将该单幅图像作为深度网络的输入，从而实现更长时间运动信息的提取。

首先给定一个 n 帧的连续光流序列 $F=[f_1,f_2,\cdots,f_n]$，其中 $f_i \in \mathbb{R}^{d_1\times d_2\times 2}$，$d_1$、$d_2$分别为光流图的高度和宽度，并且假设每帧光流图均为双通道图像，其水平分量和垂直分量分别表示为f_i^x,f_i^y，则可定义第 t 帧光流图 f_t对应的加权移动平均图为

$$\hat{f}_t = \sum_{i=1}^{t} \frac{i}{\sum_{j=1}^{t} j} f_i \tag{9-1}$$

式（9-1）所示加权平均方法可同时降低错误光流估计结果和白噪声的影响。在上述公式的基础上，本章进一步计算有序光流图，如下式所示：

$$\begin{cases} \min\limits_{G\in\mathbb{R}^{d_1\times d_2\times 2},\xi\geqslant 0} \|G\|^2 + C\sum\limits_{i<j}\xi_{ij} \\ \text{s.t. } \langle G,\hat{f}_j\rangle - \langle G,\hat{f}_i\rangle \geqslant 1-\xi_{ij}, \forall i<j \end{cases} \tag{9-2}$$

式中：$\langle\cdot,\cdot\rangle$表示内积；$C$ 为边界大小与训练误差之间的折中参数；ξ_{ij}为松弛

变量；根据排序算法 RankSVM[13]，约束条件$\langle G,\hat{f}_j\rangle-\langle G,\hat{f}_i\rangle \geqslant 1-\xi_{ij}(\forall i<j)$用于保留光流帧的顺序信息。通常情况下，通过训练学习得到的参数 $G\in\mathbb{R}^{d_1\times d_2\times 2}$ 可以作为光流序列的表示，事实上它与光流图的大小是相同的，因此本章将 G 定义为有序光流图（Sequential Optical Flow Image，SOFI）。

式（9-2）的求解等价于式（9-3）所示无约束优化问题，即最小化 Hinge Loss 函数：

$$\min_{G\in\mathbb{R}^{d_1\times d_2\times 2}} \sum_{i<j}[1-\langle G,f_j\rangle+\langle G,f_i\rangle]_+ +\lambda\|G\|^2 \tag{9-3}$$

式中：$[x]_+$表示函数 $\max(0,x)$；$\lambda=1/C$。

需要指出的是，光流图的两个通道不是图像的颜色通道，而是速度向量，二者共同描述每个像素点位置的运动向量，因此它们是相关的。然而，RankSVM 算法默认不同通道是独立的，通常采用的解决办法是通过矩阵对角化对两个通道进行去相关。通过大量实验表明，这种去相关操作并不能带来明显的性能提升，因此选择忽略这种相关关系，此时假设 $G_x,G_y\in\mathbb{R}^{d_1\times d_2}$分别为有序光流图 G 对应光流的水平和垂直分量，则式（9-2）可转化为

$$\begin{cases}\min\limits_{G_x,G_y\in\mathbb{R}^{d_1\times d_2},\xi\geqslant 0}\|G_x\|^2+\|G_y\|^2+C\sum\limits_{i<j}\xi_{ij}\\ \text{s. t. }\langle G_x,\hat{f}_j^x\rangle+\langle G_y,\hat{f}_j^y\rangle-\langle G_x,\hat{f}_i^x\rangle-\langle G_y,\hat{f}_i^y\rangle\geqslant 1-\xi_{ij},\forall i<j\end{cases} \tag{9-4}$$

将得到的 G_x,G_y 两个通道利用最小—最大规范化（minmax normalization）转化到区间$[0,255]$上，然后叠加生成有序光流图并作为深度网络的输入，通过以上过程可实现从 n 帧光流序列到单幅有序光流图的映射。图 9-1 给出了 4 组有序光流图及其相应的 RGB 视频帧和光流图示例，从图 9-1（c）中可以看出，有序光流图可以表达多帧视频序列的运动信息。

9.2.2 双流卷积网络

如 9.2.1 节所述，视频可分为空域和时域两部分。其中空域部分以单个视频帧的形式存在，其携带视频中的场景和目标信息；而时域部分以视频帧间的运动形式存在，可用于传递观察者（相机）和目标的移动。为有效利用视频序列的空域和时域信息，文献［5］提出使用两个数据流来分别建模行为视频的空域信息和时域信息，该方法将视频分为静态帧数据流和帧间动态数据流两部分，其中静态帧数据流以单帧图像作为输入，而帧间动态数据流则以堆叠光流位移场作为输入，然后将每个数据流分别训练 AlexNet 网络，最后直接对两个网络输出的类别分数进行融合（包括直接平均和 SVM 两种方法），从而得到最终的分类结果。

(a) 原始视频帧　　(b) 光流图　　(c) SOFI

图 9-1　有序光流图和相应视频帧、光流图示例

借鉴文献［5］所述思路，本节提出一种包含表观和短时运动流（Appearance and Short-term Motion Stream）、长时运动流（Long-term Motion Stream）的双流卷积神经网络框架。在表观和短时运动流提取方面，本章算法以堆叠 RGB 帧序列作为输入，然后采用 C3D Net[6] 提取行为视频的表观和短时运动特征；在长时运动流提取方面，本章算法则以有序光流图作为输入，然后采用 VGG-16 Net[14-15] 提取行为视频的长时运动特征。最后融合两个网络 fc6 层的输出响应，并输入线性 SVM 进行分类识别。本节所提出的包含表观和短时运动流、长时

运动流的双流卷积神经网络算法流程图如图 9-2 所示。

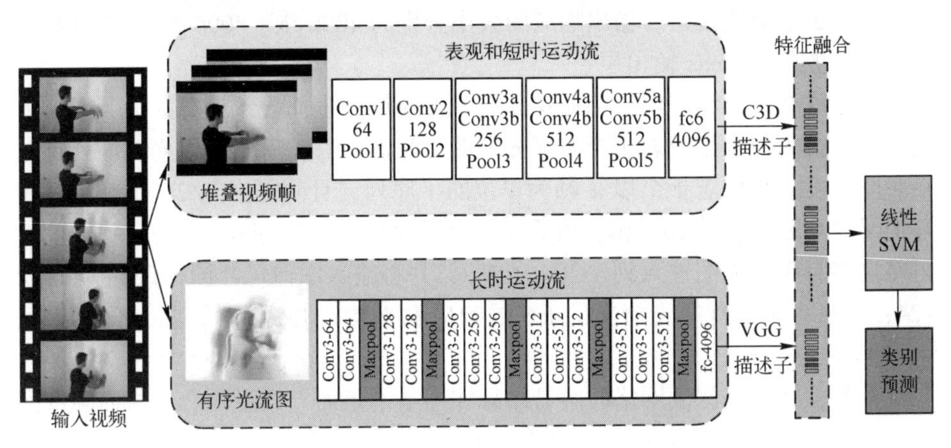

图 9-2　本节所提出的双流卷积神经网络算法流程图

1. 表观和短时运动流

在本章所提算法中，表观和短时运动流以三维卷积网络 C3D Net 作为特征提取器，用于提取视频的表观和短时运动特征。C3D Net 利用三维卷积核和池化核，可同时在时空维度对多帧视频序列进行卷积和池化操作，并且能够提取空域表观信息和时域运动信息。

三维卷积网络 C3D Net 通常包含：

（1）8 个卷积层（Conv x）。每层卷积核数量如图 9-2 所示，所有卷积核尺寸均为 3×3×3，步长为 1。

（2）5 个最大池化层（Pool y）。除 Pool 1 的池化核尺寸为 1×2×2 外，其余池化核大小均为 2×2×2。

（3）2 个全连接层（fc z）。每个全连接层的输出响应均为 4096 维。

（4）1 个 Softmax 输出层。

本章所提网络以 16 帧的片段作为输入单元，相邻片段重叠 8 帧，输入图像尺寸为 224×224。此外，将行为视频所有片段的 fc 6 层响应取平均并进行 L2 归一化，从而得到 4096 维向量作为该视频的 C3D 特征。

2. 长时运动流

由于有序光流图是单幅图像，可直接采用二维卷积网络提取特征向量，为此本章算法以有序光流图作为输入，采用 VGG-16 Net 提取行为视频的长时运动特征。

VGG-16 Net 通常包含：

（1）13 个卷积层。所有卷积核尺寸为 3×3，步长为 1，每层卷积核数如

图 9-2 所示，部分卷积层包含最大池化操作。

（2）3 个全连接层。输出响应的大小分别为 4096 维、4096 维和 1000 维。

（3）1 个 Softmax 输出层。

在生成有序光流图时，为避免压缩的光流帧过多而导致信息丢失，本章算法对每段行为视频生成若干个有序光流图。具体而言，对于一段光流序列首先在时间维度上分成若干个以 w 帧为单位的子序列，且间隔为 $w/2$，也就是说相邻的子序列之间重叠 $w/2$ 帧；然后在每个子序列上分别建立一个有序光流图，再将这些有序光流图输入到 VGG-16 Net，并将输入图像尺寸同样调整为 224×224；最后将所有有序光流图的 fc6 层响应取平均，并进行 L2 归一化后得到 VGG 特征。

此外，在训练深度网络时容易因标注样本不足而导致过拟合，从而降低网络的泛化能力[16]。为避免上述风险，本章采用角点裁剪、尺度抖动两种策略对长时运动流的数据进行 10 倍增强：

（1）角点裁剪首先将图像尺寸缩放为 256×256，然后从中心和四个对角区域将图像裁剪为 5 个 224×224 的子图像，实现数据的 5 倍增强。

（2）尺度抖动是一种多尺度裁剪过程，首先将输入图像尺寸固定为 256×340，然后在角点裁剪的 5 个位置从 $\{256,224,192,168\}$ 中任选值作为宽和高对输入图像进行裁剪，最后将所有裁剪区域缩放为 224×224，从而同样实现数据的 5 倍增强。

9.3 实验结果及其分析

9.3.1 实验数据集与实验设置

1. 实验数据集

为验证本章所提算法的有效性，在 HMDB51、UCF101 两个标准数据集上进行实验验证，其中 HMDB51 数据集[17]已在第 8 章介绍，为此本节重点介绍 UCF101 数据集[18]。UCF101 数据集由中佛罗里达大学建立，共包含 101 类 13320 段行为视频，且每类行为视频分为 25 组，每组至少 100 段视频，视频长度在 29~1776 帧，空间分辨率为 320×240。数据集中所包含视频序列的拍摄场景更为复杂，存在较大的背景扰动、相机运动、尺度和光照变化，其示例图像如图 9-3 所示。

2. 实验设置

本章算法所提双流卷积网络基于 Caffe 平台实现。网络训练采用小批量随

图 9-3　UCF101 数据集图像示例

机梯度下降法，动量为 0.9，权值衰减率为 0.0005，且 HMDB51 数据集的批大小设置为 64，UCF101 数据集的批大小设置为 128。此外，对于表观和短时运动流，采用在 Sports-1M 行为库上预训练的 C3D Net，且将初始学习率设为 0.005；对于长时运动流，则采用在 ImageNet 图像库预训练的 VGG-16 Net，其初始学习率设为 0.001。

9.3.2　对比实验结果及分析

1. 有序光流图对比实验

计算有序光流图时，本章算法首先将行为视频的光流序列分割成若干个以 w 帧为单位的子序列，然后在每个子序列上计算有序光流图。需要指出的是，子序列帧数如果过少，通常无法达到建模长时时域结构的目的，过多则可能会丢失部分运动信息，因此需要确定合理的子序列长度。图 9-4 给出了单独使用长时运动流进行行为识别时，不同子序列长度 w 在两个数据集上的目标行为识别结果。从实验结果可以看出，w 取 24 和 28 时分别在 HMDB51 和 UCF101 数据集上取得了最高的识别准确率，因此后续实验中本章算法将子序列长度取中间值 26 帧。

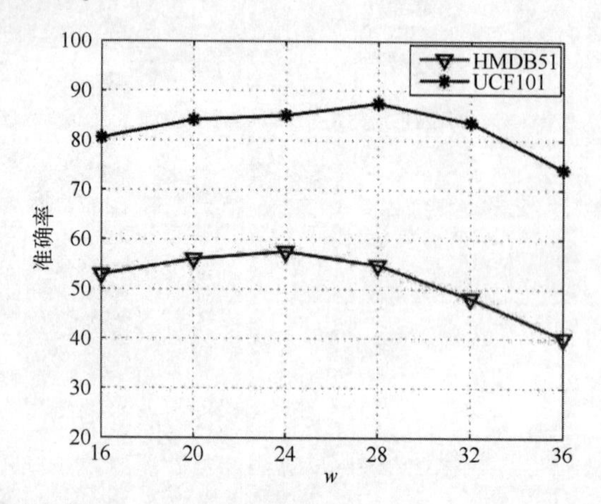

图 9-4　不同子序列长度的目标行为识别结果

此外，有序光流图本质上是对多帧光流图的有效压缩，能够提取对识别目标行为具有重要意义的长时运动信息，为此本章在 VGG-16 Net 框架下进行了多组目标行为识别对比实验，对比对象为卷积网络常用的输入，包括静态图像（Static Image，SI）、堆叠光流场（Stacked Optical Flow，SOF）、动态图（Dynamic Image，DI）[19] 以及它们的组合。对比实验结果分别如表 9-1 和表 9-2 所示，实验结果表明，相比于 SI、SOF、DI 等传统算法，本章所提有序光流图算法 SOFI 在 HMDB51 数据集上将识别准确率分别提高了 8%、3.4%、5.7%，在 UCF101 数据集上将识别准确率分别提高了 4.4%、5.6%、2.4%，且在输入组合后实验结果进一步得到提高，尤其是 SOFI+SI 组合在两个数据集上分别取得了最高的目标行为识别结果 62.5% 和 90.3%。综合上述分析可以看出，有序光流图是一种高效的视频表示方式，在应用到卷积网络后能够显著提高目标行为的识别结果。

表 9-1　HMDB51 数据集目标行为识别对比实验结果

Method	Split 1	Split 2	Split 3	Average
SI	49.1%	50.6%	49.6%	49.8%
SOF	55.2%	53.4%	54.7%	54.4%

（续）

Method	Split 1	Split 2	Split 3	Average
DI	50.7%	52.5%	53.1%	52.1%
SOFI	57.8%	58.4%	57.2%	**57.8%**
SOFI+DI	58.1%	58.9%	58.4%	58.5%
SOFI+SI	63.3%	61.8%	62.5%	**62.5%**

表 9-2　UCF101 数据集目标行为识别对比实验结果

Method	Split 1	Split 2	Split 3	Average
SI	81.4%	80.5%	81.9%	81.3%
SOF	79.3%	81.5%	79.5%	80.1%
DI	83.4%	83.9%	82.6%	83.3%
SOFI	85.8%	86.1%	85.2%	**85.7%**
SOFI+DI	87.7%	86.9%	87.3%	87.3%
SOFI+SI	89.6%	90.9%	90.3%	**90.3%**

2. 双流卷积网络对比实验

本章所提双流卷积网络分为表观和短时运动流（A&STM stream）、长时运动流（LTM stream），其输入分别为堆叠 RGB 帧序列、有序光流图，为验证所提双流卷积网络的有效性，分别在 HMDB51、UCF101 数据集上测试两个支流网络和融合后双流网络的目标行为识别结果。实验对比方法包括文献［5］所提的原始双流卷积网络（分为 Spatial stream 和 Temporal stream）以及文献［20］的 ST-ResNet（分为 Appearance stream 和 Motion stream）网络，对比实验结果如表 9-3 所示。需要指出的是，本章算法在测试支流网络时，取各自 fc6 层响应作为描述子，并经 L2 归一化后输入线性 SVM 分类器进行分类识别。

表 9-3　不同卷积网络的目标行为识别结果

Network	HMDB51	UCF101
Spatial stream	41.6%	81.2%
Temporal stream	54.3%	75.6%
Original two streams	59.4%	88.0%
Appearance stream	43.4%	82.3%
Motion stream	55.4%	79.1%
ST-ResNet	65.6%	92.7%

（续）

Network	HMDB51	UCF101
A&STM streams	64.9%	90.1%
LTM stream	57.8%	81.7%
Our two streams	**72.6%**	**94.8%**

从表 9-3 所示实验结果可以看出，融合后的双流卷积网络识别结果比两个支流网络均有所提升，其中在 HMDB51 数据集上分别提高了 7.7%、14.8%，而在 UCF101 数据集上则分别提高了 4.7%、13.1%。此外，对比三种双流卷积网络，本章所提算法比原始双流网络[5]和 ST-ResNet 网络[20]在两个数据集上的识别结果均有不同程度的提高，从而有效证明了本章所提双流卷积网络算法的有效性和优异性。

3. 目标行为识别综合性能对比实验

为验证本章所提基于有序光流图和双流卷积网络目标行为识别算法的总体性能，在 HMDB51 和 UCF101 数据集上将本章算法（SOFI+Two Stream）与现有经典算法进行对比，实验结果如表 9-4 所示。

表 9-4　不同目标行为识别算法的准确率对比

Method	HMDB51	UCF101
IDT+FV[21]	57.2%	84.8%
IDT+HSV[22]	61.1%	87.9%
MoFAP[23]	61.7%	88.3%
CNN-hid6+IDT[24]	—	89.6%
TDD+IDT[25]	65.9%	91.5%
TSN[8]	71.0%	94.0%
I3D+Two Stream[26]	66.4%	93.4%
SOFI+Two Stream	**72.6%**	**94.8%**

从实验结果可以看出：基于深度神经网络的方法（CNN-hid6+IDT、TDD+IDT、TSN、I3D+Two Stream、SOFI+Two Stream）能够获得行为视频的高层次语义信息，其识别准确率总体上高于只能获得浅层局部信息的人工设计特征方法（IDT+FV、IDT+HSV、MoFAP）；此外，在基于深度神经网络的方法中，利用支流网络分别提取空域和时域信息的方法（如 TSN、I3D+Two Stream）可以有效提高识别准确率，且本章算法利用 C3D Net 和 VGG-16 Net 组成双流深度卷积网络分别提取表观和短时运动信息、长时运动信息，从而有效提高了识别准确率。

参考文献

[1] Satrasupalli S, Daniel E, Guntur S, et al. End to end system for hazy image classification and reconstruction based on mean channel prior using deep learning network [J]. IET Image Processing, 2021, 14(3): 1-8.

[2] Raihan J, Abas P, Silva L . Depth estimation for underwater images from single view image [J]. IET Image Processing, 2021, 14(10): 1-8.

[3] Ming Q, Miao L, Zhou Z, et al. CFC-Net: A critical feature capturing network for arbitrary-oriented object detection in remote-sensing images [J]. IEEE Transactions on Geoscience and Remote Sensing, 2022, 60: 1-8.

[4] Karpathy A, Toderici G, Shetty S, et al. Large-scale video classification with convolutional neural networks [C]. IEEE Conference on Computer Vision and Pattern Recognition, 2014: 1725-1732.

[5] Simonyan K, Zisserman A. Two-stream convolutional networks for action recognition in videos [J]. Advances in Neural Information Processing Systems, 2014, 1(4): 568-576.

[6] Du T, Bourdev L, Fergus R, et al. Learning spatio-temporal features with 3D convolutional networks [C]. IEEE International Conference on Computer Vision, 2015: 4489-4497.

[7] Jeff D, Lisa A, Marcus R, et al. Long-term recurrent convolutional networks for visual recognition and description [J]. IEEE Transactions on Pattern Analysis and Machine Intelligence, 2017, 39(4): 677-691.

[8] Wang L, Xiong Y, Wang Z, et al. Temporal segment networks: Towards good practices for deep action recognition [J]. ACM Transactions on Information Systems, 2016, 22(1): 20-36.

[9] Varol G, Laptev I, Schmid C. Long-term temporal convolutions for action recognition [J]. IEEE Transactions on Pattern Analysis and Machine Intelligence, 2018, 40(6): 1510-1517.

[10] 李庆辉, 李爱华, 王涛, 等. 结合有序光流图和双流卷积网络的行为识别 [J]. 光学学报, 2018, 38(6): 0615002.

[11] Shin J, Moon J. Learning to combine the modalities of language and video for temporalmoment localization [J]. Computer Vision and Image Understanding, 2022, 217: 1-8.

[12] Bilen H, Fernando B, Gavves E, et al. Dynamic image networks for action recognition [C]. IEEE Conference on Computer Vision and Pattern Recognition, 2016: 3034-3042.

[13] Lee C, Lin C. Large-scale linear ranksvm [J]. Neural Computation, 2014, 26(4): 781-817.

[14] Duan J, Liu X. Online monitoring of green pellet size distribution in haze-degraded images based on VGG16-LU-Net and haze judgment [J]. IEEE Transactions on Instrumentation and Measurement, 2021, 70: 5006316-1~5006316-16.

[15] Simonyan K, Zisserman A. Very deep convolutional networks for large-scale image recognition [C]. International Conference on Learning Representations, 2015: 1-14.

[16] 曲磊, 王康如, 陈利利, 等. 基于 RGBD 图像和卷积神经网络的快速道路检测 [J]. 光学学报, 2017, 37 (10): 116-124.

[17] Kuehne H, Jhuang H, Garrote E, et al. HMDB: A large video database for human motion recognition [C]. IEEE International Conference on Computer Vision, 2011: 2556-2563.

[18] Soomro K, Zamir A, Shah M. UCF101: A dataset of 101 human actions classes from videos in the wild [C]. IEEE Conference on Computer Vision and Pattern Recognition, 2012: 1-8.

[19] Fanello S, Gori I, Metta G, et al. Keep it simple and sparse: Real-time action recognition [J]. Journal of Machine Learning Research, 2017, 14(1): 2617-2640.

[20] Feichtenhofer C, Pinz A, Wildes R. Spatio-temporal residual networks for video action recognition [C]. Advances in Neural Information Processing Systems, 2016: 3468-3476.

[21] Wang H, Schmid C. Action recognition with improved trajectories [C]. International Conference on Computer Vision, 2014: 3551-3558.

[22] Peng X, Wang L, Wang X, et al. Bag of visual words and fusion methods for action recognition: Comprehensive study and good practice [J]. Computer Vision and Image Understanding, 2016, 150: 109-125.

[23] Wang L, Qiao Y, Tang X. MoFAP: A multi-level representation for action recognition [J]. International Journal of Computer Vision, 2016, 119(3): 254-271.

[24] Zha S, Luisier F, Andrews W, et al. Exploiting image-trained CNN architectures for unconstrained video classification [C] Proceedings of the IEEE Conference on Computer Vision and Pattern Recognition, Boston, Massachusetts, 2015: 2593-2600.

[25] Wang L, Qiao Y, Tang X. Action recognition with trajectory-pooled deep-convolutional descriptors [C]. IEEE Conference on Computer Vision and Pattern Recognition, 2015: 4305-4314.

[26] Carreira J, Zisserman A. Quo vadis, action recognition? a new model and the kinetics dataset [C]. IEEE Conference on Computer Vision and Pattern Recognition, 2017: 4724-4733.